12

週做完
一年工作

縮短工時×成果翻倍的高效成功法

THE 12 WEEK YEAR

BRIAN P. MORAN
MICHAEL LENNINGTON

布萊恩·莫蘭 & 麥可·列寧頓──著　夏荷立──譯

CONTENTS

第二部　應用篇

各方好評

把一年拆成四個十二週，徹底改變我制定計畫的方式，讓我更有意識地利用時間，有效達成目標！

——薑餅資，知識型 YouTuber

時間是限制人類進步最大的障礙。《十二週做完一年工作》提供一張驅動速度、產出和結果的路線圖。執行的速度是成功的驅動力，布萊恩·莫蘭和邁克·列寧頓將幫助你贏得這場比賽。對於那些尋求充分發揮其潛力的人來說，這本書是必讀之作。

——喬許·林克納（Josh Linkner），《紐約時報》暢銷書《創意五把刀：突破式創新的運作系統》（Disciplined Dreaming）作者

莫蘭和列寧頓對問責的看法改變了遊戲規則。如果我們都能醒悟「選擇自由是問責的基礎」這一事實，問責這個詞將呈現全新的意義。

——卡莉·雷斯勒（Cali Ressler）、裘蒂·辛普森（Jody Thompson），《為什麼管理是爛事，以及如何解決它》（Why Managing Sucks and How to Fix It，直譯）作者

我在私人生活和職場上做過的最好選擇，就是使用一年十二週這套系統！

——維丘·赫南德茲（Wicho Hernandez），LINQ 金融集團總裁

我喜歡《十二週做完一年工作》的一點是它可以幫助您取得成果！有想法固然很棒（這本書裡俯拾即是），但是在你付諸行動之前，

它們一文不值。我一直支持莫蘭和列寧頓多年來為我的客戶所做的事。為什麼？因為這套系統真的有效！

——比爾·凱茲（Bill Cates），《超越推薦》（*Beyond Referrals*，直譯）作者

《十二週做完一年工作》講的是有效執行，是我看過同類型書中最實用的一本。 如果你真的讀了它，研究它，一心一意投入去使用，將會改變你在事業和生活上的成就。

——詹姆斯·舒馬克（James Shoemaker），舒馬克金融（Shoemaker Financial）集團執行長

過去二十年，在我經營企業、教別人經營企業、寫作與演講裡，日常執行仍然是最難的部分。莫蘭和列寧頓用一本書，令一切相形見絀。

——迪克·克羅斯（Dick Cross），《經營力》（*Just Run It!*，直譯）作者

《十二週做完一年工作》是我讀過最好的操作方法書之一。 你絕對用得上！

——傑克·克拉蘇拉（Jack Krasula），WJR 廣播節目「一切都有可能」（*Anything is Possible*）主持人

對於想要尋求更平衡、更成功的個人和職業生涯者來說，必讀這本書。它不僅介紹許多厲害且實用的想法，可以提高你的業績，還提供循序漸進落實這些想法的行動步驟。

——羅伯特·法基米（Robert Fakhimi），北加州萬通保險集團（MassMutual）執行長兼總裁

在我的職業生涯中，我只經歷過兩件我認為會改變遊戲規則的事，「一年十二週」這套系統就是其中之一，它從上到下改變了我們這家公司。

——格雷戈里‧麥克羅伯茨（Gregory A. McRoberts），西點金融集團（WestPoint Financial Group）經營合夥人

《十二週做完一年工作》是天才之作！我身兼作者、講者、企業主、丈夫和四個孩子的父親數職，能按時完成工作唯一的方法，就是採用這套簡單但絕妙的策略。一年又過去了，如果你還沒發現這套奇妙系統的力量，它將徹底改變你的人生，將夢想變為真實！

——派屈克‧凱利（Patrick Kelly），暢銷書《免稅退休》（*Tax-Free Retirement*，直譯）作者

這本書裡面所講的高績效法則和紀律將會改變你的個人和職業生涯，還會給你一股急迫感。

——哈里斯‧費希曼（Harris S. Fishman），第一金融集團（First Financial Group）總裁

莫蘭和列寧頓討論的是真正賦權的事，有時候人生難免會遭遇到阻礙，但是如果你能考慮到自己行為的長期利益，你永遠不會讓自己或周遭的人失望。無論你是在職業上或是人生有所追求，這套書所提供的練習和人生計畫，令它成為每個人必讀之書。

——麥可‧維蘇威（Michael Vesuvio），翡翠金融（Emerald Financial）集團總裁

1
挑戰

有些人能有很大的成就，而絕大多數人卻連他們能力所及的事情都無法完成，怎麼會這樣？

如果每一天你都能發揮自己最大的潛力，你的人生會有什麼變化？

如果你每天都能處於最佳狀態，半年、三年、五年後，人生會有什麼不同？

這一連串的問題，它的核心概念，正是過去十幾年來麥克與我一直在做的：多年來，我們一直在幫助客戶發揮更大的效率。我們與個人、團隊和公司合作，制定計畫，幫助他們實現目標。我們所追求的是解開祕密，幫助個人和組織發揮最佳水準，過上他們確實有能力去過的生活。

我同意《藝術戰爭》（*The War of Art*，直譯）作者史蒂芬・普雷斯菲爾德（Steven Pressfield）的觀點，大多數人都能活出兩種人生：我們所過的人生和我們有能力去過的人生，後者令我為之入迷。

> 如果我們能夠盡力而為，我們的表現真的會讓自己大吃一驚。
> ——發明家愛迪生（Thomas Edison）

我相信，那才是我們都深深渴望活出來的人生。這是存在於我們內心深處，希望自己能夠實現的人生。這種人生不是由一個安於現狀，或屈服於拖延和懷疑的你所驅動的，而是由最佳的你、最好的你、自信的你、健康的你所驅動的。這個你會帶著一身才華出現，促成事情的發生，做出改變，活出有意義的人生。

成為最適的自己（optimal self）聽起來很棒，不是嗎？但是**如何**才能成為另一個你呢？怎樣才能做到最好呢？這是一個有趣的問題。我以前有機會到處去旅行，見過成千上萬的人，我經常問他們：「怎樣才能做到最好，做個傑出的人？」正如你想的那樣，我得到很多不同的答案。

在這本書中，我們會告訴你如何在很短的時間內，將目前的績效提高四倍——甚或四倍以上。你會明白學到，想要每天都能發揮最佳狀態，需要做些什麼？我們會揭開一流執行者的祕密，它的方法是調整你的思維，使之與行動保持一致，以產

生驚人的成果。你將會了解，在你的生活中或組織中創造卓越並不複雜。事實上，它一點也不複雜，不過這不意味著它很容易做到。

　　阻礙一個人實現其真正能力的頭號因素，不是知識、智力或訊息不足。我們不是少了新的策略或想法；不是少了更大的人際關係網；也不是少了勤奮、天賦或運氣。當然，所有的這些都有幫助，都能起到一定的作用，但並不是造成差別的主要因素。

　　你肯定聽過「知識就是力量」這句話，但我不同意。只有你去使用它，根據知識採取行動，知識才有力量。人們窮其一生都在求取知識，目的何在呢？光是知識本身無法使人受益，除非取得知識的人用它去做一些事。好點子除非付諸實踐，否則毫無價值，市場只獎勵得以執行的想法。你可以很聰明，有管道能獲取大量的訊息和很棒的想法；你也可以人脈很廣，努力工作，還有很多天賦，但最終你必須落實。**執行力是市場差異化唯一且最大的因素。**厲害的公司和成功的個人，執行力都比他們的競爭對手強。擋在你和你有能力實現的人生之間的，是缺乏貫徹到底執行力的你。有效的執行力讓你獲得自由，這就是那條通往實現你所渴求目標的道路。

　　想想在你的人生當中，哪些方面做得不夠好，或者沒有達到你覺得自己能力所能做到的。如果你仔細觀察，上述這些情

況的每一種，毛病往往出在執行方面。就拿一個讓人獲得成就的新想法為例，如果換一個人去試，失敗的比例有多高？

我們手上有個客戶是一家保險公司，該公司旗下的保險經紀人人數在兩千以上。該公司有一位經紀人常年業績頂尖，年復一年，年年都是如此。正如你所能想到的那樣，多年來，別的經紀人問他能否分享自己的祕訣。這位業績頂尖的經紀人毫不猶豫，從繁忙的日程表中抽出空檔，將自己到底做了什麼才能取得成就的方法詳細告訴他們。你知道有多少人能複製他的成功經驗嗎？你猜對了，答案是零。如今他拒絕分享他的祕訣，因為沒有人會照他所教的那一套做，並且堅持到底。

有 65％的美國人超重或太胖。你認為減肥或瘦身有什麼獨門祕笈嗎？事實上，節食和健身產業的總市值高達六百億美元，每年都有無數飲食和運動主題的新書出版。我在網上搜尋「減肥書」，得到的結果有 45,915 條，大約就是 46,000 本書；有些書名看起來很眼熟，如《阿特金斯飲食法》（*The Atkins Diet*）或《南灘飲食法》（*South Beach Diet*，或譯邁阿密飲食法），有些書名則不是那麼常見，如《跑啊，死胖子跑起來》（*Run Fat B!tch Run*）。然而，美國人還是繼續超重，身材繼續走樣。大多數人都知道如何恢復好身材：吃得健康，多運動，只是沒有去做——這不是**知識**問題；這是**執行**問題。

根據我們的經驗顯示，大多數人有能力將他們的收入提高

一到兩倍，只需持續不斷運用他們已經知道的東西。即便如此，人們仍然在追求新的想法，以為下一個想法會使讓一切變得更好，就像變魔術一樣。

安·勞夫曼（Ann Laufman）就是一個很好的例子，說明執行正確想法所帶來的好處。安是美國萬通保險（MassMutual）休士頓分公司一名財務顧問，她的表現一直都很好，不論從哪一個角度看，她都做得很成功，然而她總覺得自己有能力做得更多，卻不怎麼確定要如何實現目標。她的經營合夥人在該公司引進「一年十二週」這套計畫時，安也參與了。最後，安的業績成長了400％，她也是這家有著百年歷史的萬通保險休士頓分公司中，首位獲得「年度最佳經紀人」的女性員工。

有趣的是，安並未與更有錢的客戶合作、做成更大的案子，或是擴大她的目標市場，上述這些都是大多數顧問為提高生產力會去追求的方法。相反的，安專注於做她已經在做的，只是持續穩扎穩打，以此來提高她的執行力。透過執行能夠支持她成功的幾個關鍵任務和策略，堅持到底，她創造了大幅的增長，更棒的是，這一切還不需要延長工作時間。

安的情況不是獨一無二

> 不是你知道什麼，也不是你認識什麼人，而是你做了什麼，才是最重要的。

的。我們有成千上萬個這樣的例子，個人和整個組織透過簡單學習執行，取得了驚人的成果。

我們將告訴你如何發揮最佳狀態，並且透過有效執行，實現對你來說最重要的人生目標。我們所要討論的內容，大部分你都已經知道了，但是正如我前面提到的，「知」與「行」之間有很大的差別。我們將教你如何針對影響你成功與否的事情採取行動，堅持到底。

這本書裡的觀念都是我們與客戶之間持續合作執行，實際發展且經驗證的。我們只收錄有效的內容，剔除其餘的，最終的成果便是一本簡明而有力的書。我們固然希望這本書能發人深省，但是對我們來說，更重要的是它能激勵你採取行動。

我們寫這本書是為了縮小執行差距，因此採用了讓讀者能夠理解執行的基本概念，並且立即付諸實際運用的寫作方式。

本書分為兩部分。第一部分幫助你在短短幾週之內，了解實現最高目標的過程。第二部分全都是關於促成目標實現的步驟。它為你提供所需的具體工具和技巧，來支持第一部分的觀點。我們這套十二週的執行系統不但靈活有彈性，還可以不斷擴展。這些概念不但適用於個體和團體，也可用於個人生活和職業生涯方面。我們不但讓個人，也讓整個組織運用這套「一年十二週」，取得極大的成就。

這本書的內容簡明，其中蘊含的觀念卻很強大。透過運用

這些概念，也許你可以大幅提高你的績效。第一版書的讀者已有成千上萬，透過他們提供給我們的回應，我們知道這是真的可以做到的。

我們將告訴你如何大幅提高績效，減輕你的壓力，建立你的信心，改善你的自我感覺。不是透過更努力工作，而是將注意力集中在最緊要的活動上，保持一種急迫感，盡快達成目標，擺脫使你陷入困境的低價值活動。

準備好了嗎？你將開始體驗十二週做完一年工作！

布萊恩·P·莫蘭與麥可·列寧頓

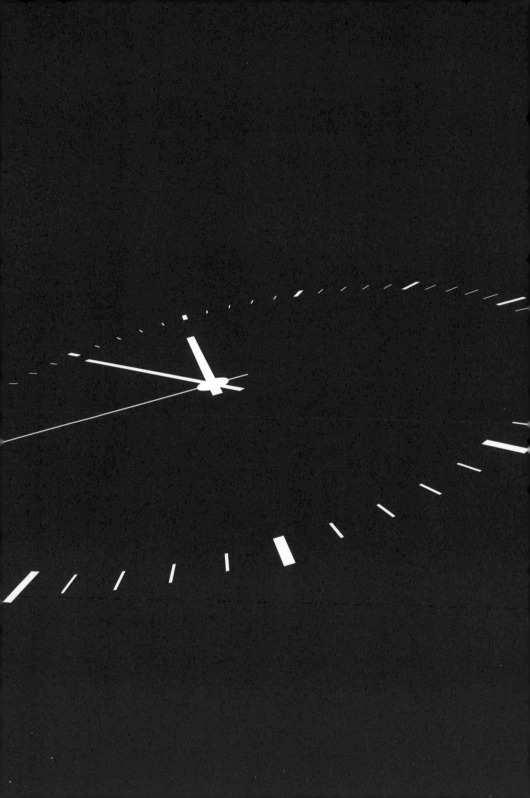

第 **1** 部

你以為你知道的事

全盤了解之後所學到的東西才有價值。

——美國傳奇教練約翰・伍登（John Wooden）

第一部將提供有關成為傑出人物所需的全新見解，還要挑戰你
——你自認知道如何發揮自身最佳狀態，實現你的潛力，
實則並不。

2

重新定義一年

大多數人（其實組織也是）都不乏點子，不論是有效的行銷技巧、銷售理念、削減成本的措施，還是提高客戶服務的品質，總之想法多到你無法有效利用。問題不在於知道，而在於運用。

阻礙個人和組織取得最佳表現的其中之一，就是「年度計畫」。雖然這話聽起來很奇怪，但是年度目標和計畫往往是達成高績效的障礙。我的意思並不是說年度目標和計畫不會產生積極正面的影響；它們確實是有影響。毫無疑問，有了年度目標和計畫，

> 光是想著未來要做的事，是無法讓你擁有名聲的。
> ——汽車大王亨利·福特（Henry Ford）

你會做得比沒有目標或計畫更好；但是我們發現，這套年度流程的本質限制了你的業績表現。

我們與客戶合作多年下來，注意到一個有趣的模式。他們大都自覺或不自覺地認為，自己的成功與失敗取決於過去這一年所取得的成績。他們設定了年度目標，制定了年度計畫，在許多情況下將目標細分為季度、月度，甚至還有每週目標，但是最終他們都會對成果做一份年度評估，這個陷阱就是我們所說的「年度化思維」（annualized thinking）。

摒棄年度化思維

年度化思維的核心是一個不言而喻的信念，即一年之中有的是時間可以做出成果。在一月的時候，十二月看起來還遙不可及。

想想看，年初時我們立下遠大的目標，但是到了一月底，我們常常發現自己微微落後設定的目標。儘管我們一定不滿意，不過也不怎麼擔心，我們心想：「我有的是時間。我還有十一個月的時間可以趕上進度。」到了三月底，我們仍然小幅落後，不過還是不怎麼擔心。為什麼？因為我們仍然認為自己有很多時間可以趕上進度。就這樣，這種思維模式一路延續到年底。

我們誤以為這一年還有很多時間，於是採取了相應的行動。我們缺乏一種急迫感，沒有意識到每一週都很重要，每一天都很重要，每一刻都很重要。歸根結柢，**有效的執行發生在每一天和每一週！**

年度化思維還有一個錯誤的前提，那就是「過一段時間之後，我們的績效將會有重大改善」，好似到了九月下旬或十月就會有奇蹟發生，從而帶來大幅的增長。然而，如果我們無法在本週創造大幅增長，為什麼會認定一整年就可以做到這一點呢？

事實是：每個星期都很重要！每一天都很重要！每個小時都很重要！我們需要意識到這個現實，即行動是發生在每天和每週的，而不是每月或每季才發生那麼一次。

年度化的思維和計畫往往會導致業績不盡如人意。為了發揮最佳狀態，你需要擺脫年度模式，清除你的年度化思維。別再以一年為單位去思考，應該縮小關注的時間範圍。

以一年計的執行週期使人看不清這個現實：生活就在當下，而最終的成功是當下創造的。年度化使人誤以為，我們可以把事情（關鍵活動）延後，但仍然可以完成自己想要的，仍然可以實現目標。

這時，你可能會爭辯說，幾乎每個組織都是這樣運作的，有許多公司也都實現了目標並制定計畫。我的反駁如下：擬定

計畫，並不意味著他們已經做的夠好。我們的客戶中，有組織在短短十二週之內，成功將業績提高了 50%。再舉個例子，我們幫助一家市值十億美元的經紀公司，在六個月內將其銷售績效提高了一倍。如果仍以年度為執行週期，這是絕對不可能辦到的。無論組織或個人的表現如何，在非年度化的環境中他們的表現會更好。

摒棄年度化思維吧，你可以看看會發生什麼事。

好事都發生在年終

隨著年終將至，你可能看過廣告，或是聽過宣傳文案提到「破盤特惠價」。事實上，這些是有效的年終推式[1]策略，而且還是許多行業的慣用手法。

如果你經歷過年終推式策略，就會知道每個人都專注於爭取業務和完成重要任務。一整年的成敗與否可能繫於最後這六十天。情況多半如此，當一年中剩下的日子越來越少，業績往往會向上飆升。

這種情況在金融保險業中很常見，對許多保險代理人和保險經紀人來說，傳統上十二月是一年之中最好的月份，而第四

---

1 push，指企業以大量的推銷員或促銷工具，經由通路將產品「推向」最終消費者手上。

季度往往占全年銷售額的 30％至 40％。當我們有了目標和最後期限會激發多少潛力，實在是不可思議。

在大多數的行業之中，年終肯定是一段激勵人心的時候。各種活動增加，大家都很專注。既沒有時間可以浪費，又有明確的目標需要實現，員工專注於關鍵計畫與機會。那些與推式策略成果沒有什麼直接關係的任務被推到一邊去，以應付這段時間內真正要緊的事。每年的這個時候，與業績有關的談話似乎也在增加。比起一年中其他時候，專注於實現績效目標的管理階層會花更多的時間與夥伴們一起檢討成果，並鼓勵他們。

年終到底是怎麼回事？為什麼人們在十一月和十二月的表現會不同於七月和八月的表現？不出所料，正是因為有一個最後期限在那裡，對大多數人來說，這個期限是 12 月 31 日。

年終代表著不能不正視的一條線，我們在這個點上衡量自己的成敗。別管它是不是任意訂出來的最後期限；反正每個人都信這一套。正是這個最後期限帶來了急迫性。無論是自我要求還是被動被公司要求，十一月和十二月都是緊要關頭。到了這個時候，人們的拖延行為會減少。承認時間緊迫，大家就會去解決障礙和任務，這些是他們前幾個月一直在迴避的事。在剩下的這幾天裡，一股強烈的急迫感取代了精神散漫和心情低落。

> 沒有什麼比最後期限更能激勵一個人。

人們使出渾身解數，想在年底前做出成果，還有一股強烈的衝動，想在時間到之前達標。

此外，還有隨著期待新的一年即將到來的興奮感。不管你今年的表現如何，你都希望明年會更好。如果過去這一年你過得很不順，未來一年提供你一個重新開始的機會；如果過去這一年你的表現很好，你有機會在這個基礎上再接再厲。無論你屬於哪一種，新的一年都帶來許多希望和高度憧憬，讓你期盼好事的到來。

年終是一個令人感到興奮且充滿生產力的時刻。一年的最後這五、六個星期是一整年中最叫人著迷的時候。在這段時期中，人們有一股衝動，瘋狂地趕著為這一年畫上圓滿的句號，再興高采烈展開新的一年。問題是這種急迫感只存在為數不多的幾週。**如果一年之中的每一週你都能創造出這種活力、專注與決心，那該有多好？**

你當然可以做到！關鍵就是週期化（periodization）這個概念。

週期化

週期化一開始是一種運動訓練法，旨在大幅提升運動員的表現，它的原則是專注、集中和超負荷地訓練某種特定的技能

或專項。體育運動中的週期化是一種集中式的訓練方案，在限定的時間內，一次集中訓練一種技能，時間通常為四到六週。每一輪的四到六週之後，運動員會依序進入下一項技能的訓練。透過這種方式，使每一種技能都得到最大的發揮。1970年代，東歐的運動員率先在奧運訓練中使用這套方法，時至今日，週期化仍廣泛用於各種訓練方案中。

意識到週期化在客戶和我們自己身上發揮多大作用後，於是我們將這套方法用於事業和個人的成就上。我們開發出一套為期十二週的週期化方法，超越了單純的訓練，集中於發展收入和生活平衡的關鍵因素。「一年十二週」界定了你今天要做的重要事情，以實現你的長期目標。

一年十二週是一種結構化的方法，從根本上改變你的思維與行為方式。重要的是明白你所取得的成績，是行動的直接副產品；反過來說，你的行動是潛在思維的體現。總結來說，是你的思維驅動你的成績，是你的思維創造了你的人生經歷（見圖 2.1）。

圖 2.1　你的成果是你的思維的最終體現。

長遠來看，你的行動與你的潛在思維總是一致的。當你專注於改變行為，你會經歷漸進式的改進；然而，

當你的想法轉變，一切也都會改變。你的行為自然而然會重新調整，與你的新思維模式保持一致，這就是突破口。突破性的結果並不是從你的行動開始的，它首先是發生在你的思維之中，這就是「一年十二週」的威力所在——改變你的心態，從而製造了突破口。

> 重複的行為造就了我們。所以，卓越不是一種行為，而是一種習慣。
> —— 哲學家亞里斯多德（Aristotle）

而結果就是提高了急迫感，更加集中關注在少數的關鍵事物，也就是那些推動成功和成就的重要核心活動，以及這些項目的日常執行，以確保實現長期目標。

一年十二週為個人和組織提供高度成功的工具和重心，它產生了一股清晰感，讓你知道什麼是重要的，讓你每天擁有去做必要之事的急迫感。此外，它還會促使你不放過當下的機會，並播下必要的種子以確保未來持續成功。

十二週等於一年

忘掉年度計畫吧。到了這時候，你可以看到與年度化思維相關的隱患。讓我們來重新定義一年：一年不再是十二個月，**現在一年只有十二週**。沒錯，現在一年是十二週。一年之中不

再分成四個時期，那是舊思維。現在，一年是十二週，接著是下一個十二週，如此這般下去不間斷。每個十二週的週期都是獨立的，十二週就是你的一年。

想想一年十二週所隱含的意義。每年十二月才會有的那股興奮、活力和專注，現在會持續發生。如今，年終推動你實現目標的動力不是每十二個月發生一次，而是一直不斷的發生。人們之所以在十一月和十二月開始表現得不一樣，那是因為他們知道到了 12 月 31 日這天，他們將要衡量自己的成功或失敗。正如我之前指出的，12 月 31 日是一個任意指定的日期，只因為它在日曆上標示著一年的結束，似乎就成了一個總結的好時機。除了我們所賦予它的意義之外，這個日期並沒有什麼神奇之處（就像我們有客戶的會計年度結束在 6 月 30 日這天，因為該組織力求要給這一年一個漂亮的收尾，他們會在六月份經歷一場爆發式成長）。總而言之，這個日期無關緊要；重要的是有一個遊戲結束的時間點，並在此時宣告你的成功或失敗。

一年十二週為你創造出一個新的截止日期，來評估你的成功（與否）。一年十二週的好處是，最後期限總是夠近，近到你永遠無法忽視。它提供一個時程，時間長到足以完成工作，又短到足以帶來一種急迫感和激發行動力的傾向。當最後期限逼近，我們的行為會有所不同，拖延的行為變少，變得減少或

不再逃避，還會更專注於要緊的事上，這就是人類的天性。

　　一年十二週也迫使你面對自己的執行力不足。畢竟，如果在這十二週裡，有幾週表現不好，你還能有表現出色的一年嗎？既然你無法忍受一、兩個星期表現不好，那麼一週中的每一天自然就會變得越發重要。

　　一年十二週將你的注意力縮小到一週，更確切一點，是縮小到一天，這是執行力發生的最佳範圍。你再也不能奢侈地推遲關鍵活動了，妄想一年還有很多時間。有效的執行不是一個月、一季或是半年發生一次——它**每天**都在發生，它**每時每刻**都在發生。一年十二週將此一現實擺到最顯眼之處，迫使你不得不正視。

　　除此之外，如今每十二週你都會經歷一次對新的一年的期待。過去，如果一個人為一年設定了延展性目標[2]，到了第三季度時，發現這個目標顯然無法達成，缺乏成就感會讓人喪失鬥志。在十月之前，個人甚至整個團隊從心理上就放棄目標，這種情形並不罕見。但有了一年十二週，就不會再發生這種情況了。每十二週你就會有一個新的開始，即新的一年！因此，如果你在這十二週裡過得很不順，你可以擺脫它，重整旗鼓，

2　意指設定比原訂目標更遠大、更具挑戰性的目標，是一種用於激勵個人或團隊的管理策略。

重新開始。你可以甩掉它，重新組織，然後重新開始。如果你在這十二週表現很好，就可以趁著這股氣勢繼續前進。無論是哪一種，每十二週都是一個新的開始。

就像你在一年結束時所做的那樣，每隔十二週，你就要休息一下，慶祝一下，然後重新上陣。它可以是三天的週末或長達一週的假期；重要的是，你要抽出時間來反省，重整旗鼓，並重新打起精神來。對成功導向的人來說，很容易看到前方的景色，而不能充分欣賞已經走過的道路。一年十二週比以往提供了至少四次機會，讓你得以肯定進步和慶祝成就。

專注於一年十二週，使你不致於因貪快而好高騖遠，且確保每一週都有其價值。

一年十二週改變了一切！

3
情感的連結

有效的執行並不複雜，但是也不見得簡單。事實上，大多數人和企業都在努力做好執行工作。執行不可避免地需要採取新的行動，而新的行動往往又令人感到不舒服。

當面對一連串的行動，而這個行動方案包含困難或不舒服的任務時，採取行動的短期成本可能比達成目標的長期利益要大得多。正因如此，個人和整個組織往往會放棄這些任務，甚至最終放棄整個策略。我們從經驗中發現，要想成功付諸執行策略，我們必須對結果投入強烈的情感。

如果沒有一個令人信服的理由，大多數人都會採取令自己感覺舒適自在的行動，而不是不舒服的行動——問題是，重要的行動往往是令人不舒服的行動。根據我們的經驗，想要成為

傑出的人，想要成就你能力所及的，想要執行你的計畫，首先必須犧牲的就是你的舒適；想要充分發揮你的生命潛力，祕訣就是把重要之事看得比自己的舒適更重。因此，要做好執行，關鍵的第一步就是打造並維持一個令人信服的未來願景，讓你對它的渴望甚至超過你對短時間自身舒適的渴望，然後調整你的短期目標和計畫，與這個長期願景保持一致。

想想你真正想要實現的目標。你想創造什麼樣的遺產？你想為自己和你的家庭掙得什麼？在精神層面上你想要什麼？你所追求的安全感到什麼程度？你想從職業生涯中得到多少收入水平與滿足感？你希望自己能追求什麼興趣？你在分配給自己的時間裡，真正想做什麼？

如果你要精益求精，開創新格局，成為一個傑出的人，那麼你最好有一個令人信服的願景。為了達到比你目前更高的績效水平，你對未來的願景必須比**現在這個**更大。你必須找到一個與之情感相連的願景，如果沒有一個令人信服的願景，你會發現自己沒有理由去承受改變的痛苦。

願景（Vision）是所有高績效的起點。你有兩次打造的機會：首先是精神上的，然後是實質上的。高績效最大的障礙不在實際執行，而是精神體現。你永遠無法超越你的心智模式。願景是你思考自身可能性的起點。

你必須清楚你想要創造的是什麼。大多數人主要關注他們

的事業或工作，但是事業只是人生的一部分，實際上，是願景為你的事業提供了吸引力與連結。這就是為什麼我們從你個人的願景著手：你希望活出怎樣的人生？確定這一點之後，我們再繼續討論你的事業需要怎麼發展，

> 每項不可能的成就背後，都有一個懷抱著不可能夢想的夢想家。
> ——管理學大師羅伯·格林里夫（Robert K. Greenleaf）

才能與你的個人願景一致，並且使它成為可能。願景對你越有說服力，你越有可能去採取行動。你的個人願景將與你需要採取的日常行動之間，建立起情感的連結。

為了發揮願景的驚人威力，你需要一個比現在更遠大的未來。如果你想創造突破，想要更上一層樓，你需要克服恐懼、不確定性和不適感。在情況變得棘手的時候，是你的個人願景讓你繼續堅持前進。

一個令人信服的個人願景會激發熱情。想想你所熱中的事情，你就會發現它背後總是有一個清晰的願景。如果你發現自己不管是對事業還是感情關係都缺乏熱情，那就不是熱情的危機，而是一場願景的危機。我們會告訴你如何打造一個令人信服的個人願景，以及一個與你的人生目標相符並且支持這個目標的事業願景。

第一步是創造一個「個人願景」，這個願景要清楚反映且

描述你的人生追求什麼。個人願
景應該定義你想要的人生，包括
心靈、人際關係、家庭、收入、
生活方式、健康和社群等所有的
領域。個人願景會為你的事業和
職業目標奠定情感聯繫的基礎，

如此一來，你所追求的事業和你所渴求的人生之間才會保持高
度一致。

只有根據個人願景去訂定的時候，事業願景的力量才會最
大。許多人之所以在情況變艱難時無法堅持到底，原因出在事
業願景與個人生活缺乏連結。

你的事業目標本身並不是目的，而是達到目的的手段。管
理層和員工們往往為了事業成功而籌謀，卻未能與真正能使他
們成功的動力源相通。從本質上來講，個人願景是我們之所以
工作的首要原因。

一旦瞭解你的人生願景與事業成功之間的關聯，就能夠準
確列出你的事業必須達到多少水平的收入或產量，才能支持你
的整套願景。

願景為你提供不同視角和情感聯繫，幫助你克服挑戰與執
行。當任務看起來似乎太過困難或是令人感到不快，你必須要
重新與個人目標和願景建立連結。正是這種情感上的連結為

你提供內在的力量，使你不畏困難勇往直前，從而實現夢想和願望。

你的大腦與願景

大腦是一種神奇的器官。正如時事評論家大衛・弗羅斯特（David Frost）曾經指出：「它在你早上起床的那一刻就開始工作，直到你進入狀態才會停下來。」

我們的大腦是奇妙、強大、反覆無常的東西。由於大腦是如此多功能，有時似乎可以在自相矛盾之中工作。你是否曾經感覺到你的大腦與自己發生衝突？如果是這樣，你並不孤單（也不是瘋了）。有一些突破性的研究可以解釋你正在經歷的一切，並針對如何能夠更有效率地使用大腦、活出你想要的人生，提出有力的見解。

研究人員發現大腦中有一個區塊，即杏仁核（Amygdala），在我們面臨不確定性與風險時，會產生負面的反應，這種反應對避開危險和保命相當有用。不幸的是，當我們想像未來與現下大不相同時，會感到不確定，因為我們不知道如何創造與維持所想像的未來。出現這種情況時，杏仁核就會被啟動。

這時候，大腦中避免風險的部分就會出來阻攔我們了，它試圖讓我們遠離不確定和危險的情況。當你開始設想一個跳出

舒適區的未來，這個未來顯然比你目前生活的要遠大且大膽得多，這時候杏仁核就會試圖在你做出任何危險的事之前，打消你的念頭。

這是一個壞消息。在某種程度上，我們有著抵制改變與推遲成功的天性。好消息是你的大腦中還有一個部分，名為「前額葉皮質」（PFC），它可以抵銷杏仁核的作用。你在眺望開闊的遠景時，前額葉皮質這地方就會亮起來，有趣的是，當你想像自己未來傑出的成就時也會這樣。研究顯示，當受試者想到一個令人嚮往的未來，科學家們就可以在受試者的前額葉皮質追蹤到增強的電脈衝。

研究還顯示，大腦改變的能力很強。過去，科學家們認為大腦在我們成年後基本上是維持不變的，但是現在發現大腦可以隨著時間的推移而改變。我們經常使用的區域，其神經連結的密度和大小都顯示增長。

針對大腦的改變能力，我們稱為神經可塑性（neuroplasticity），這代表著生理上，你的大腦有能力改變和發展，且它會根據你使用的方式改變和發展。

這是好消息也是壞消息。壞消息是，除非你有意使用前額葉皮質，否則你等於是默認並強化大腦中抵制改變與讓你卡住的那個區塊；好消息是，**你可以透過想法改變你的大腦**。你有能力透過定期和反覆思考一個激勵人心的願景，來強化且開發

你的大腦，意即一個令你信服，且與目標具有情感連結的動人未來。

最棒的是，當你想到一個令人信服的願景，在你大腦中所激發的神經元與你對願景採取行動時所激發的神經元是相同的。這表示你只需要透過思考，就可以訓練大腦依照你的願景採取行動。

不過，第一步是創造一個激勵人心的願景，並且學會如何與之保持連結。

告訴我，你打算以這不羈且可貴的一生做什麼？
——詩人瑪麗·奧利弗（Mary Oliver）

4

扔掉年度計畫

一旦對目的地有了清晰的願景，你還需要一套計畫才能抵達目的地。想像一下你帶著全家出遊度假，開在鄉間小路上，手邊卻沒有地圖。你可能會同意這不是一個好主意！

制定一套計畫，實現你的願景和事業目標，比起擁有一張地圖，為你的家庭旅行導航，相形之下更是要緊。然而可悲的事實是，大多數人花在規劃旅行上的時間，遠比花在規劃事業的時間還多。

按照計畫執行有三個明顯的好處：

> 沒有計畫的願景就是一場白日夢。

1. 減少犯錯。

2. 節省時間。

3. 提供聚焦。

規劃使你能夠事先考慮實現目標的最佳方法。你在紙上犯的錯，可以減少在執行過程中的失誤。

此外，研究顯示事前規劃可以節省大量的時間和資源，這聽起來似乎很矛盾。有許多人覺得如果停止工作，就表示沒有生產力。但事實上，規劃的時間通常是你最具生產力的時候。

最後，計畫就像一張畫得好的路線圖，能讓你保持專注，不忘初心。由於每天都有各種各樣令人分神的事，讓你偏離道路，因此這一點就至關重要。你的計畫會不斷把你帶回到最具策略性的重要項目上。

十二週計畫

然而，十二週計畫不同於我們所知道的任何一種方法，它不僅提供這些好處，而且比傳統的年度計畫更具優勢。記住，我們不是在談論季度計畫，那是過時的年度化思維模式的一部分。有了十二週計畫，每十二週都是獨立的；每十二週都是新的一年，都是一個創造傑出成就的新機會。

十二週計畫還有三點與年度計畫明顯不同。第一個不同之處，在於十二週計畫比十二個月計畫**更容易預測**。你對未來的規劃越長遠，可預測性就越低。在長期規劃中，後面的假設是建立在先前的假設之上，而先前的假設則又建立在更早的假設之上。如果你真的那麼擅長預測未來，打個電話給我，我很想找你談談你的持股配置！

真實情況是你很難確定未來十一個月或十二個月內的日常行動（即使不是不可能）。這就是為什麼年度計畫通常是以目標為基礎的原因。

但有了十二週計畫，可預測性就更高了。對於未來十二週之內每週需要採取什麼行動，你會很有把握。十二週計畫既是建立在數字的基準上，也是建立在活動的基礎上，它們在你今天所採取的行動與你想達成的結果之間建立了牢固的關係。

第二個不同之處，則是十二週計畫**更集中**。大多數年度計畫的目標太多，這是執行起來會失敗的主因之一。大多數計畫之所以包含這麼多的目標，原因出在你是為十二個月做計畫，列出來的是你想要在未來三百六十五天之內實現的所有事情，這就難怪你會感到幻滅和沮喪了。最終你會分身乏術，力量分散，這可不是成就卓越的祕訣。

機會總是比你能有效抓住的還要多。十二週計畫的方法是只求在少數幾件事上表現出色，而不是做許多事情，每件表現

都平平。在十二週計畫中，你要找出影響最大的一到三件事，全力以赴求成。十二週計畫只集中在少數幾個關鍵領域，並帶來採取行動的活力和急迫性。

第三個不同之處在於**平衡的結構**。根據我們的經驗，大多數計畫都有一個不言而喻的目標，那就是規畫出完美的計畫。這往往導致這些計畫被收進一個漂亮的活頁夾中，卻很少付諸實施。

設定目標

規劃的全部意義所在，應該是幫助你確定並實施所需的幾個關鍵行動，並實現你的目標。如果計畫不能幫助你更好的執行，就失去了規劃的理由。然而，可悲的是大多數的計畫在擬定時，都沒有考慮到執行的問題。計畫的結構和撰寫方式會影響你是否能有效執行。有效的規劃能在「太過複雜」和「細節太少」之間取得一種可行的平衡。你的計畫應該從確定十二週的總體目標開始，這個目標將定義你這十二週成功與否，它代表著表現很棒的十二週，同時也代表著你有意識地朝著實現中長期願景前進中。

> 如果你不知道自己的目的地，最後就會跑到莫名其妙的地方去。
> ——洋基傳奇補手尤吉·貝拉（Yogi Berra）

12 週做完
一年工作

一旦你訂好十二週目標，接著就需要擬定策略。最簡單的方法就是將十二週目標分解成各自獨立的目標。如果你的十二週目標是賺到 300 萬並減重 4.5 公斤，就應該將策略分別寫成「收入目標」與「減重目標」。策略是推動你實現目標的日常工作，必須是具體的、可操作的，還要包括預計完成日期和責任歸屬。至於如何寫出有效的策略，我們在稍後的第二部將會再詳述。

十二週計畫的核心概念是「如果你能及時完成策略，就能實現目標」。記住，為了避免迷路，找不到十二週計畫的重點，你必須調整你的十二週計畫，與中長期願景保持一致。

十二週計畫是強大的，它可以讓你專注於眼前重要的事情。但請記住，十二週計畫不是年度計畫的一部分；那是老舊的年度化思維。

十二週的時間長到足以完成工作，卻又短到可以製造且維持一種急迫感。對於表現一流的人來說，十二週計畫提供的是一張按部就班的路線圖，排除了發散和拖延，並要求我們立即採取行動。

欲知更多時間塊安排相關內容，請掃描以下
QR code 加入十二週計畫入門課程，這是免
費的課程。

12weekyear.
com/gsc-3/

5
一週一週來

長期績效是來自你每天採取的行動。約翰霍普金斯大學醫學院創辦人威廉・奧斯勒（William Osler）爵士說，他之所以成功的祕訣就在於讓自己活在「完全獨立的今天」[3]。他發現雖然我們計畫的是未來，行動卻是以日為單位。想要做到真正的高績效，你每日的活動必須與長期願景、策略和戰術保持一致。

終究，你對自己行為的掌控力比對結果的掌控力要強的多。你的行動創造你的成果，這就是為什麼制定計畫會是如此重要的一環，這些計畫不僅要以數字為基礎，還要列出具體及關鍵

---

3 原文為日密艙（day-tight compartment），意思是活在當下。

的活動。

不論你的願望再怎麼充滿熱情、再怎麼強烈，物質世界也不會對你的願望做出反應。唯一能讓宇

宙動起來的是「行動」。正如我們前面所討論的，願景很重要，因為它決定了終局分數和你前進的大方向。願景也提供了行動的動力，沒有行動的願景只是一個夢想。讓夢想成真的正是持之以恆的行動。

這就是改變過程中最常出錯之處。我們大多數人都渴望改善某方面的人生。不論你是想要賺更多的錢、找到一份新工作、遇到合適的伴侶、減掉幾公斤體重、改善關係、高爾夫球打得更好、父母的角色做得更好，或是成為一個更優秀的人——光許願是不夠的。

徒有改變的意圖是不夠的；你必須按此意圖採取行動，事情才會變好，而且還不只是一次的行動，而是持續不斷的行動。正如古羅馬哲學家盧克萊修（Titus Lucretius Carus）所指出的：「滴水穿石。」持續對實現目標所需的關鍵任務採取行動，是得到你想要的人生的關鍵所在。

你眼下的行動正在創造你的未來。如果你想知道未來是什麼樣子，看看你的行動，它們是對未來最好的預測。想預知未來的健康，看看你目前的飲食習慣和運動習慣；想預知你的婚

姻關係是否良好，看看你現在與配偶的互動；想預測你的職業生涯方向和未來的收入，看看你在每個工作日做了什麼。

你的行動會告訴你一切。

週計畫

因此，我們在此推薦「週計畫」，它可以將你的十二週計畫轉變為每天和每週的行動。週計畫是安排且提供一週重點的有效工具，它是你每一週的行動方案，確保你遵循計畫進行，且每天從事的都是最關鍵的活動。週計畫讓你得以安排自己的活動，同時專注於真正重要的長期和短期任務，也讓你在當下能夠保持專注和高效的狀態，不受影響你表現的噪音和雜念所擾。

週計畫並不是一份經過美化的待辦事項清單，相反的，它反映的是你為了實現十二週計畫目標，當週需要採用的關鍵策略活動。

一份有效的週計畫，起點是你的**十二週計畫**。十二週計畫包含所有為了實現十二週目標所需要執行的策略。每個策略都會被指定一個完成日期

> 一盎司的行動抵得上一噸的理論。
> ——思想家愛默生（Ralph Waldo Emerson）

（週數），這些策略通過管理你的日常行動，來推動你的週計畫。因此，週計畫只是十二週計畫的衍生品，本質上就是十二週計畫的十二分之一。

為了有效利用你的週計畫，你需要在每一週開始時花十五到二十分鐘的時間，回顧過去一週的進度，並規劃未來一週的工作。除此之外，每天的前五分鐘應該用來回顧你的週計畫，且規劃當天的工作。

「一年十二週」透過強調每一週的價值，創造更大的焦點。有了一年十二週，一年現在等於十二週，一個月相當於一週，一個星期相當於一天。當你以這種方式去看待它，**每一天**變得更重要、更有力。週計畫使你能夠集中行動，在少數幾件事上表現出色，而不是做許多事表現都平平。為了確保你能最大發揮自己的能力，週計畫是強大而不可或缺的工具。

你的週計畫必須包括策略和優先事項、長期和短期任務，以及你承諾的完成時間，它可以幫助你專注於每週需要執行的項目，按計畫完成十二週的目標，反過來說，你的目標又使你按部就班朝著願景前進。一切前進都保持一致。

假如想真正讓一年十二週生效，你需要隨身攜帶週計劃，每天照表操課。按照你的週計畫開始每一天，每天都要核對幾次。如果你已經安排好當天該完成的策略，那麼完成之前不要回家，以便確保每週的關鍵任務（即你的策略）都能夠完成。

請參考「一年十二週」網站（www.12weekyear.com）上提供的週計畫範本及官方軟體「Achieve!」裡的其他工具。比起其他方法，週計畫更能幫助你每天和每週取得進展，以有效實現你的願景！

6

面對事實

你有沒有想過為什麼體育運動如此激動人心？事實上，體育運動不僅能激勵運動員，對觀眾也有激勵作用。你能想像有一群人（球迷）特地跑來看你工作，還為了看你工作而花錢嗎？體育運動之所以如此刺激，其中一個關鍵原因是我們會打分數。

評量（Scorekeeping）是競爭的核心所在。我們追蹤分數、評量和統計數據，判定是否成功，並且找出需要改進的地方。在一場體育活動之中，不論何時，每個球員、教練和球迷都很清楚自己球隊的位置，這些訊息提供了指導決策的知識基礎，以取得更好的表現和成功。換句話說，評量讓我們知道所做的事是否**有效**。在企業裡，我們常常無法評量；如果沒有一

些客觀的評估，我們就無法確定自己的效率。就像運動比賽一樣，評量可以推動事情的進展。

1960 年代，美國工業心理學家弗雷德里克・赫茨伯格（Frederick Herzberg）著手研究激勵人們在職場表現的因素。他在大量研究之後，找出兩個最主要的激勵因素，那就是成就和認可。我們認為，唯一能夠知道你是否有成的方法就是透過評量，也就是評分。評分會傷害自尊，是一種常見的誤解；研究顯示情況恰好相反，由於評量將進步和成就記錄下來，反而可以建立自尊心和信心。

評量結果

評量的功用是查核現實，它提供績效回饋並洞察你的效率。有效的評量排除評估過程中的情緒，誠實反映出你的表現，這些數據無關乎努力或意圖，它只關注結果。

我們偶爾都有一種傾向，就是將乏善可陳的結果合理化，但是只要透過有效的評量，即使現況令人感到不快，我們也不得不面對現實情況。雖然這麼做可能很困難，但是我們越早面對現實，越能早點將我們的行動轉向產生更理想的結果。這就是有效評量的作用，它強烈吸引我們的注意，讓我們更加迅速地做出反應，從而增加未來成功的可能性。

評量是執行的動力，是現實的定錨。你能想像一家大型集團的執行長不清楚這些數字嗎？對你我來說，也是一樣的。身為你自己的人生和事業執行長，你需要知道這些數

> 我們相信上帝；其他人則必須拿出數據來說話。
> ——品管大師愛德華‧戴明（William Edwards Deming）

字。評量提供重要的反饋，讓你能夠做出明智的決定。

有效的評量可以找出領先指標（lead indicator）和落後指標（lag indicator），提供必要的整體回饋，以利於知情者做出決策。落後指標，如收入、銷售額、佣金、減重數字、體脂率、總膽固醇數值，代表你正在爭取實現的最終結果；領先指標則是產生最終結果的活動，例如，業務拜訪次數或轉介數，都是銷售過程中的領先指標。雖然大多數公司和個人都能有效評估落後指標，但許多人往往忽視領先指標。事實上，一套有效的評量系統會結合領先指標與落後指標，兩者相輔相成。

你所擁有最重要的領先指標，是評估執行力的指標。畢竟，你對自己的行動掌控力比對結果的掌控力要來得大。你的行動創造了你的成果。你認為什麼是實現目標最重要的事，那你做了沒，執行力評估的就是這個。

請記住，你是從願景開始的，一個令人信服的未來願景，它所展望的前景比現在遠大。然後你設定一套十二週的目標，

一套與願景相合的目標。每個目標你都制定了行動或策略，這些行動或策略描述了你為了實現目標所採取的步驟。你能夠最直接掌控的因素是「你對策略的執行力」。評估你的執行力，就是在了解你貫徹這些策略的程度深淺。因為你的十二週目標是根據中長期願景制定的，所以執行力的評估也代表實現願景的進度。

找出一個能夠評估執行力的方法至關重要，因為它可以讓你準確找出缺失所在，迅速做出反應。執行力的衡量不同於結果，結果可能落後你的行動數週、數月，甚至數年之久，執行力的評估提供更多的回饋，使你能更快地調整完成目標所需的時間。評估執行力還有一個很重要的原因：如果你沒有達成目標，你需要知道問題是出在計畫有缺陷，還是執行上有缺失，因為這兩種失誤的處理方法有很大的差別。策略和戰術無效時，計畫內容就會崩解，而執行力欠佳則在於你未能完全執行策略。

有六成以上的問題是發生在執行過程，但是人們通常認為是計畫有誤，因而改變計畫。這是錯誤的理解，因為如果你不去執行計畫，就不知道這個計畫是否可行。有效的評量幫助你確認缺失的源頭，讓你可以直接去解決這個問題。在大多數情況下，除非你的執行效率很高，否則沒有必要去改變或調整你的計畫。最棒的是，你每次執行都會得到回饋。如果行動沒有

產生預期的效果，你可以根據市場反應針對計畫做出必要的調整——但是首先你必須執行計畫。很多時候，人們在真正去執行計畫之前就想要改變計畫。一般來說，除非你已經有效完成你的計畫策略，而它仍然沒有產出，否則你不應該改變計畫。你可能擁有一套很棒的計畫，但是除非真正去執行，否則你永遠不會知道到底好不好。

不過，如果你的執行效率很高，卻沒有得到你想要的結果，這時候就應該回頭調整計畫。物理學告訴我們，有作用力就會有反作用力，因此，好消息是你每一次執行都會產生些什麼——它不見得是你所預期的，但總會發生些**什麼**。這個「什麼」就是市場反應，沒有它就不可能有效調整你的計畫。如果不知道你執行的是什麼策略，那麼你做任何改變都會是純粹出於猜測。

> 真相是唯一安全的立足之地。
> ——女權運動先驅伊麗莎白‧斯坦頓（Elizabeth Cady Stanton）

週評量卡

評估執行力最好的辦法是根據（以十二週計畫為本的）週計畫來評估完成策略的百分比。我們為這套十二週計畫開發出一套名為「週評量卡」的工具。

如果你有跟上目前為止所說的內容，就會明白「週計畫」代表為了實現你的總體目標，每週需要完成的關鍵活動，而「週評量卡」則提供一套客觀的評估，評估你的週計畫執行得如何。透過週評量卡，你所評估的是**執行力**，而不是結果。你要依每週完成活動的百分比為自己打分數。

我們鼓勵你努力追求卓越，而不是力求完美。我們發現，如果你完成了週計畫表中 85％的活動，你極有可能會實現目標。還記得嗎？你的計畫包含最優先處理的事項，這些優先事項為你的目標添加最大價值，產生最大影響。換句話說，你只需要有效完成 85％的週計劃，就能達成你的目標！

提醒你：評量不適合膽小的人。有的時候，你的執行力不高、評量不佳，許多人往往在這個時候就放棄了，因為他們沒有勇氣面對自己的行為帶來的現實。他們不去為自己的表現評量，而是用在當下看似重要的其他事情，來分散自己的注意力。有了一年十二週，人們就無處可躲了，它暴露出你在什麼地方表現得好，什麼地方表現不好。所有人都有陷入執行力不足的泥淖之中掙扎的時候，一年十二週系統逼迫你面對自己的執行力不足，這點令人很不舒服；但是如果你要發揮最佳狀態，就必須這樣做。我們把這種不舒服稱為**生產性緊張**（productive tension），當你知道自己需要做什麼事，但是沒有去做，這時候會產生的不舒服感覺，就是生產性緊張。

面對不舒服時，我們自然的傾向是去解決它。為了做到這一點，人們通常會採取下面兩種方式其中一種，最簡單的辦法是停用十二週這個系統，關掉照在你「表現欠佳」上頭那盞聚光燈。通常它會以一種被動抵制的姿態，拖延為這一週評量，告訴自己晚點再做，但是這個「晚點」永遠不會到來。

另一種方法是將「生產性緊張」當作改變的催化劑。高成就者會以生產性緊張作為前進的推力，而不是以逃避的方式來應付這種不適。如果你認定放棄不是一個選項，那麼生產性緊張的不適感終會迫使你根據策略採取行動，這就能鼓勵你執行計畫並向前邁進。

即使你每週評分只有 65％ 到 70％，只要你留下來繼續，還是可以做得很好。你無法達到你能力所及的成就，不過你會做得不錯。重要的是要記住：這個過程不是要做到完美，而是要變得越來越好。

評量能夠產生動力。如果你想要做好工作並且發揮最佳狀態，有效的評量是不可少的。花點時間建立一套關鍵的評估標準，包括領先指標和落後指標，最重要的是，一定要為你的執行力打分數，要有評量自己表現的勇氣！

7
意圖

你一生當中想要完成的每一件事,都需要投入時間,所以當你想要提高成果,必須面對的事實是:你的時間完全缺乏彈性,而且很容易流逝。

在這個快速創新和技術進步的年代,時間比任何資源更能限制我們的成就。當我們問客戶無法取得更大成就的原因,最常聽到的是「沒有時間」,然而**時間是個人資源中最容易被浪費的。** 幾年前,由薪資網站 Salary.com 進行的一項研究發現,平均每個人在每個工作日都會浪費近兩個小時!

答應與拒絕的重要性

現實情況是，如果你對如何使用**時間**沒有明確的想法，相當於把你的成就交給運氣決定。雖說我們能控制自己的行動，無法控制得到的結果，但結果是我們的行動所造成的。我們一天當中所採取的行動，最終決定了命運。

儘管時間是無價的，許多人投入每一天的方式各式各樣。換句話說，他們會去滿足一天當中出現的各種需求，不論花多少時間都會去回應，而不去考慮活動的相對價值。這是一種被動反應的方式，在這種情況下，是這一天的時間控制著你，使你無法發揮最佳狀態。

為了發揮潛力，你必須學會如何有意識地使用時間。有意識地選擇目標和願景相符的活動，它與被動反應這股強大的天性背道而馳，因為這代表懷著明確的意圖生活，並要求你以優先事項去填滿生活。

當你有意識地在使用時間，就知道什麼時候該說好，什麼時候該說不。當你在拖延、從事低層次的活動，或是迴避處理令人不舒服的高報酬活動時，你可能會有所察覺。當你有意識地在使用時間，就會減少浪費時間，把更多時間花在高價值的行動上。但是要做到這一點，你必須願意遵守紀律，安排好每一天和每一週。做到這一點最好的方法，就是**十二週計畫**。這

樣一來，到了最後，是你為自己設定每一天的目標，而不是讓每一天來指揮你。有意識的心理狀態是你對抗平庸的祕密武器。

安排時間塊

美國開國元勳富蘭克林（Benjamin Franklin）說過：「我們只要顧好每一分鐘，歲月就能顧好自己。」這是明智的建議。實踐此一智慧的挑戰在於，一天之中總是會有**事情**冒出來，你沒有預料到的事，而這些事會占用你寶貴的分分鐘鐘。

試圖減少這些干擾的做法，效果通常不太好，而且可能比單純處理這些干擾還更難。在我們看來，成功使用時間的關鍵，就是**有意識地**使用時間，這並不是試圖消除這些計畫之外的干擾，而是每週預留固定時間，專門用來處理具策略性的任務，我們稱之為「績效時間」（Performance Time）。我們發現這是最佳有效分配時間的辦法，它利用一套簡單的預留時間塊（time-blocking）管理系統來重新掌握一天的時間，將效率提升到最高。

績效時間有三種主要的組成成分：策略時間塊（strategic

blocks）、緩衝時間塊（buffer blocks）和抽離時間塊（breakout blocks）。

策略時間塊

指每週安排三個小時連續而不受打擾的連續時間。在這段時間裡，不接任何電話，不收傳真、電子郵件，不見訪客，不做任何事。相反的，集中所有的精力在你預先規劃的重要任務上，即策略性的活動和增加收入的活動。

在策略時間塊裡，集中你的智力和創造力，以創造突破性的結果。你可能會被自己產出的工作數量和品質驚訝到。對大多數人來說，每週一個策略時間塊就夠了。

緩衝時間塊

緩衝時間塊的設計是用來處理所有計畫外和低價值的活動，例如，在典型的一天當中會有大量電子郵件和語音信箱留言。我們都有過被無用瑣事霸占一天時間的經驗，幾乎沒有什麼比處理不斷出現的干擾更不具生產力和令人沮喪的。

對某些人來說，每天有個三十分鐘的緩衝時間塊就夠了，但是對另一些人來說，可能需要兩個一小時的緩衝時間塊才夠。緩衝時間塊的威力來自於將那些往往無益的活動集中在一起，這樣一來，你就可以提高處理這些活動的效率，並加強管

12 週 做 完
一年工作

理一天中剩下的時間。

抽離時間塊

缺乏自由時間是導致業績停滯的關鍵因素之一。企業家、創業者和專業人士常常陷入工時拉得更長、工作強度更大的困境中，這會抑制活力和扼殺熱情。為了能有更好的成績，需要的往往不是去延長工時，而是抽出一些時間遠離工作。「只工作不玩耍，聰明的孩子也變傻。」人們常引用這句有名的諺語，可不是偶然的。只工作而不從中抽離出來休息，將會使我們喪失創造性優勢。

有效的抽離時間塊至少要三個小時，而且要花在工作以外的事情上。作法是在正常工作時間內安排一段遠離工作的時間，用來醒腦和重振精神，然後當你重新回去工作，注意力與精力才會更集中。

績效時間不僅僅是運用策略時間塊、緩衝時間塊和抽離時間塊而已。能在日復一日和週復一週中將這些變成慣例，你的執行力就越好。實現此一目標最好的辦法是描繪出「高效週模板」（The Model Work Week）。

高效週模板這個概念，是在紙上規劃出典型的一週中會出現的所有關鍵任務，並將這些組合起來，

> 如果不能掌握你的時間，就無法掌握你的結果。

以發揮最大的生產效率。如果你不能在紙上完成所有的事情，就更不可能在現實之中將它們完成。因此，練習策略性地規劃一週的工作，讓你事先做好時間安排，而不至於選擇困難。

構思高效週模板時，可能的話，將例行性任務安排在每週的同一天、每天同一時間，這是個有用的小技巧。想一想，通常什麼時候你會處於最佳狀態。你是晨型人，還是夜型人？將最重要的活動安排在你的黃金時間。我們將在第十七章中詳細示範，教你如何擬出理想的高效週模板。

對於我們的許多客戶來說，績效時間會對結果產生直接的影響。每週只需管理好幾個小時，就會產生顯著的效果。如果你學會更用心去利用時間，你不僅會更有效率，也會覺得更有掌控力、壓力更少、更有自信。

欲知更多時間塊安排相關內容，請掃描以下 QR code 加入十二週計畫入門課程，這是免費的課程。

12weekyear.com/gsc-3/

8

當責就是全權自主

在企業和生活中，當責（accountability）也許是被誤解最深的概念。大多數人把它等同於不良行為、表現不佳和負面結果。舉例來說，當一個運動員做了違反聯盟行為準則的事，聯盟主席就會公開聲明，將追究該名運動員的責任，然後祭出罰款或停賽處分。這也難怪大多數人都不想和當責扯上任何關係。

人們經常說要**某人負起責任**，特別是在商業場合中，你經常會聽到管理階層說：「我們需要在究責上做得更好。」我甚至聽到那些真心

> 我們最後的自由行動（在這之後不可能有其他自由行為），就是否認我們是自由的。
> ——哲學大師彼得·柯斯騰邦（Peter Koestenbaum）

想要表現得更好的人說：「我只希望有人能讓我負起責任。」這種說法反映一個錯誤的觀念，即責任是「可以強加且必須強加」的東西，但那不是主動負責，而是追究後果。事實上，你不可能要別人負責；另一個事實是，要別人負起責任是不可能的。我喜歡開玩笑說，我寧願手忙腳亂地同時抱著嬰兒和一袋生活用品，也不願去要求某人負起責任。

當責講的不是後果，而是**自主意識**（ownership），它是一種品格特徵，一種生活態度——**不論在什麼情況下**，都願意為自己的行為和結果自主負責。在《工作上的自由與責任》（*Freedom and Accountability at Work*，直譯）一書中，柯斯騰邦與彼得·布洛克（Peter Block）兩位作者討論到當責，內容如下：

　　我們對當責有一種小家子氣的想法：我們覺得人都會想要逃避為成果負責；我們相信當責制必須強加於人；我們必須要求人們負起責任，於是制定獎懲辦法。這些信念在我們的文化中占據主導地位，造成我們很難去質疑它，然而正是這些信念使我們無法去體驗我們所渴望的事物。

　　當責真正的本質在於明白我們每一個人都有選擇的自由，這種選擇的自由正是當責的基礎。

當責是一種體認，意識到你始終都有選擇權；意識到事實上人生沒有什麼是**不得不**（have-to）做的。不得不做是指我們不願意做但還是去做，因為我們不得不，但事實是沒有非做不可的事。我們一生當中所做的每件事，都是一種選擇，即使你是處在被要求的情況下，你仍然有選擇權。當你把做某件事視為「選擇去做」（choose-to）或「不得不做」時，就會有很大的差別。事情如果是不得不做的時候，它會是一種負擔，一種累贅，充其量你只會做到符合最低標準。然而，如果意識到你終究是有選擇的，就會產生截然不同的情況──當你選擇去做一件事的時候，你就會善用資源，盡最大的努力，這是一個更加賦權的姿態。畢竟，是你選擇了你的行動、你的結果和你的後果。

我們所有人都有一種傾向，傾向於在自身之外尋找改變和改善事情的方法。我們等待經濟復甦，等待住宅市場行情反轉，或是等待公司推出新產品，更具競爭力的定價或做出更好的廣告，這使得我們很容易成為外在世界的受害者，浪費許多時間和精力去期待和想像：如果我們周遭的世界不一樣了，我們的人生會是什麼樣子，並且相信這些是改善結果的關鍵。但事實是，你無法控制這些事情中的任何一件，你唯一能夠控制的是你的思想和行動。但是，**如果**你願意（這是最大的前提）自主負責，這就足夠促成改變了。

不要以為我們在這裡講的當責是被動的，恰好相反，真正的當責是積極面對真相，它所面對的是選擇的自由與這些選擇的後果。這樣一來，當責就極具力量，前提是你必須願意面對現實和所處的形勢真相。你如何看待當責以及接受它的程度，影響你所做的一切，從你的關係到有效執行的能力都會受到它的影響。當你明白真正的當責，講的是選擇與掌握自主權，並為自己的選擇負責，一切都會改變。你會從抗拒走向賦權（empowerment），從局限走向可能，從平庸走向傑出。

　　到頭來，唯一真正存在的責任就是「自我負責」。唯一能讓你對任何事情負責的人是你自己。要想成功，你必須培養內心的誠實和勇氣，為自己的想法、行動和結果負責。

> 當責講的不是後果，而是自主意識。

9
興趣 vs. 承諾

在一年十二週，「承諾」是重要的組成要素。擁有做出並履行承諾的能力，可以讓成果更好，建立信任，並且培養出高績效的團隊。但是我們之中，卻有許多人逃避做出承諾，更糟的是，我們經常在情況變壞的時候違背承諾。為了真正做好事情，我們必須要更善於履行承諾。

有一則關於承諾的古老故事是這樣的：關於早餐，雞和豬的看法完全不同，雞貢獻出的只是雞蛋，因此對早餐只是有點好奇；而豬則貢獻了身上的培根肉，因而牠相當重視早餐。這是一則幽默的故事，卻描繪

> 承諾是一種行為，而不是空口白話。
> ——哲學家沙特（Jean-Paul Sartre）

出人們對於承諾的負面看法。事實上，兌現承諾對雙方都有好處，可以改善關係、加強誠信，還可以建立自信心。承諾的威力是強大的，而且往往會改變你的人生。

我相信你有過類似的經驗：你決心要完成一些有意義的事，為此願意不惜一切代價去實現。我這輩子許過最有力的承諾，對象是我父親。那是我上完大一那年的暑假，那次的談話彷若昨日般鮮明。我們父子倆在整理花園，討論我的大一生活。在那次的談話中，我很快就發現顯然父親與我對上大學的目的有不同的看法。

我們討論的話題是我的成績，我出現在院長名單[4]上——不幸的是，院長有兩份名單，而我上的是另一份名單，留校察看的那份。父親說除非我的學習成績有所改善，否則他不願意再幫我支付學費。我的感覺很不好受，在那天我對父親和自己做出一個承諾，我承諾他，秋天開學以後，我會拿到全 A 的成績。他對我提出挑戰，要我提高賭注來履行承諾：如果我真的拿到全 A，他將給我五百美元；如果我沒有做到，我就欠他五百美元。

那年秋天返回學校之後，我使出渾身解數。我認真上課、做筆記、閱讀課文、寫作業，我不再像大一那樣經常參加社交

4　Dean's list，通常指優秀學生名單。

活動。最後，我的成績出爐，全 A。當年我贏得的那五百美元早就花光了，但是那個承諾改變了我的人生。我的名字開始出現在貨真價實的院長名單上，之後再也不曾離開。

發生在我身上的故事是說明承諾的好例子。承諾是一個人許下的諾言。信守你對他人的承諾可以建立信任和牢固的關係，信守對自己的承諾則可以培養品格、自尊和成就。

> 除非堅持承諾，否則有的只是諾言和希望，不算計畫。
> ──管理學大師彼得·杜拉克（Peter Drucker）

說到承諾的定義，我喜歡以下這個：「在情感上或理智上受到某一行動方針束縛的狀態⋯⋯」（出自第四版的《美國傳統英文字典》〔*American Heritage Dictionary*〕）。從這個角度來看，承諾是為了產生預期的結果，有意識地選擇採取行動。

我們憑直覺知道，遵守承諾的能力是有效執行和高績效的基礎，但是許多人經常無法履行承諾。當事情變得困難，我們就會找出不能履行承諾的理由，把注意力轉移到其他活動上；往往事情一變得棘手，我們的興趣就會大減。重要的是，搞清楚興趣和承諾的區別。當只是對某件事感興趣，你會在情況允許時才去做；但是當你**承諾**去做時，你不會接受任何藉口，只接受有所成果。

當我們承諾某事後，就會做一些平時不會做的事。「是否要做」這個問題消失了，唯一的問題是「怎麼做」。承諾的威力就是如此強大。

信守承諾的關鍵

但有時我們難免會陷入履行承諾的掙扎之中，以下是讓承諾奏效的四個關鍵：

1. 強烈的渴望

為了全心全力投入去做一件事，你需要一個明確而且有說服力的理由。如果沒有強烈的渴望，在情況變得困難的時候，你會陷入要不要繼續的掙扎之中；但是有了令人信服的渴望，看似無法跨越的障礙，就會被視為需要克服的挑戰。你想要的最終結果必須具備足夠的**意義**，才能幫你度過卡關期，按照原定計畫繼續進行。

2. 關鍵行動

一旦你有一股強烈的渴望要去完成一件事，就需要找到「關鍵行動」，才能創造你所追求的結果。在當今的世界，有許多人成了旁觀者，而不是參與者。我們必須記住，我們的**所**

作所為才是最重要的。

在大多數的活動中，往往有許多項目可以幫助你完成目標。不過，通常一些少數的關鍵行動，會影響大部分的結果，甚至在某些情況下，最終只有一、兩個關鍵行動能創造出結果。因此，你得找出這些關鍵行動，並聚焦在這些行動上。

3. 計算成本

承諾需要做出犧牲。任何的努力都有收穫和付出。我們常常宣稱為了許下的承諾不計成本，也就是為了實現你的願望，不畏艱難困苦。你需要付出的成本，可能包括時間、金錢、風險、不確定性、損失舒適感等等。因此，在做出承諾之前先確定成本，讓你能夠自己決定是否願意為了承諾付出代價。面對這些成本時，如果你能預先識別出這些成本，能幫助你加深「實現目標是值得的」這個印象。

4. 依據承諾採取行動，而不是憑感覺

有的時候，你會不想做關鍵行動。我們都經歷過這種情況：早上五點半從床上爬起來，在冬天的寒風中慢跑，聽起來可能會令人卻步，特別是你人在溫暖的被窩裡時。正是在這種時候，你更需要學著依你的承諾而不是你的感覺採取行動。如果不這樣做，你永遠不會有動力，還會陷入不斷重新開始的困

境中，或是像平常那樣乾脆放棄。學習去做你該做的事，不管你的感覺如何，這是成功的核心原則。

許多時候，承諾會因為承諾的時間範圍而變得更加艱巨。任何事情要承諾一生都是很難做到的，即使只是履行一整年的承諾，也會是一種挑戰。因此有了「一年十二週」，你不會被要求做出終身或是一整年的承諾，你只需要做出**十二週**的承諾。做出並履行十二週的承諾，要比履行十二個月的承諾可行得多了。十二週結束時，你要再次評估承諾，然後重新開始。

我們的承諾最終塑造了我們的人生。承諾能夠支持健全的婚姻、維繫持久的關係、創造豐碩的成果，還有助於塑造我們的性格。

我們相信，光是知道自己可以實現承諾，不需要期待或依賴別人，你將會得到難以置信的力量。

10
卓越的當下

有人說，隨著科技的發展，這個世界如今變得越來越小。而我認為速度也變得更快了，我們的生活似乎變得更加忙碌，而且越來越快。

可別誤會我的意思——科技是了不起的發明。 我在 1988 年花了約 6,000 美元（換算約新臺幣 20 萬元）購買的第一臺筆記型電腦，相比之下，現在我的手機計算功能更好，用途更多。缺點是如今我們每天很少有停機休息的時間。過去在上下班的路上，你還有加速、減速的準備時間，但是現在大多數人把這些時間花在手機上。人們一天中自然出現的空檔正在消失，可是我們仍然需要放鬆精神的時間。

在這個匆匆忙忙的新世界裡，「多工」成了備受推崇的技

能。人們相信為了充分利用每一天，必須把行事曆排得滿滿的，賣命工作，不斷來回奔波。唯恐自己會錯過什麼，所以匆匆忙忙從一場會議或活動趕赴另一場會議或活動，中間擠出時間來打一、兩通電話。開會的時候，我不斷查看電子郵件和訊息，只因為不想遺漏什麼重要東西，而且透過發訊息，我可以同時進行兩到三組對話。沒有多少人會承認這就是他們的生活，但是看看你的周遭吧：這就是大多數人的行為模式。

在我們努力不錯過任何東西的時候，我們卻不知不覺錯過了一切。我們的注意力分散在不同的主題和談話上；當我們努力去做這麼多事情，導致分配給每一項活動的精力都很少。我們變得壓力很大、過勞、精疲力竭、沮喪、支離破碎。最後，沒什麼東西能讓我們全神貫注了，重要的專案不行，重要的談話不行，重要的人也不行，這個做法唯一保證的結果是：我們終將表現平庸。

大多數人都跑得太快了，於是他們錯過了人生。他們身在一個地方，心在另一個地方。當你的精神和身體處於相同地方、當你活在當下，才是效率最高的時候。運動員稱之為「進入心流」（playing in the zone）。當你活在當下，你的思路清晰而集中，很容易下決定，你幾乎可以毫不費力地完成一樁樁任務；當你活在當下，你會活得優雅而輕鬆；當你全神貫注在當下，當你與**當下**連結，會幫助你更享受生活。

你無法改變過去的行動，也無法在未來採取行動。當前此刻——永恆的現在，才是你擁有的全部。此時此刻，你對你的餘生有絕對的影響力。未來是現在創造的，而我們的夢想是在今天實現的。

> 未來最妙的地方就在於它是一天一天的到來。
> ——美國第 16 任總統亞伯拉罕·林肯（Abraham Lincoln）

我的妻子茱迪和我都是癌症倖存者。凡是與癌症打過交道的人，無論是自己或是家人，都會親身體會到你是如何迅速學會感激當下的每一刻。不變的事實是，生命存在於當下，生活就是活在當下——最終，卓越也是當下創造的。

當下的高光時刻

就像全世界許多人一樣，每隔幾年，我總是會觀看奧運比賽，欣賞頂尖運動員做出令人難以置信的表現。幾年前，我在觀看這些賽事的時候，腦海中忽然閃過這個念頭：「冠軍是在什麼時候決定的？」最顯而易見的答案，似乎是在個人表現出高水準的時刻，例如贏得金牌時。但是當我進一步考慮這個問題後，得出了這樣的結論：成功並不是發生在取得成果的時候，而是早在更早以前，在一個人決定去做自己該做的事情的

時候。

我們再以奧運為例。一名傑出的運動員並不是在她打破世界紀錄且贏得獎牌的時候，才變得傑出。那是世界肯定她的時候——事實上，獎牌只是「證明」她的傑出。早在幾個月前，甚至是幾年前，在這位運動員決定多跑一公里、多游一趟，或是多跳一次的時候，就成就了卓越。

我認為麥可‧費爾普斯（Michael Phelps）[5]並不是在贏得第十八枚金牌，也不是第一次贏得金牌的時候，成就了卓越。而是當他決定做那些能讓他獲勝的事情時，他就成為一個傑出的人了。卓越發生在他選擇付出努力受訓的那一刻；發生在他花好幾個小時去健身房和游泳池的那一刻；發生在他充滿毅力地吃身體需要的食物，而不是想吃的食物的那一刻。贏得金牌只是證明他的傑出，實際上，費爾普斯早在很多年前就已經成就卓越了。

結果不是卓越成就的實現，只是對它的確認。早在結果出來之前，你就已經變得很優秀了。**在你選擇去做該做的事情的那一刻，就注定了成功。**

> 致想要享受美好未來的人：不要浪費現在。
> ——經濟學家羅傑‧巴布森（Roger Ward Babson）

5　美國知名泳將，史上獲得最多奧運獎牌的運動員。

從每一天和每一週來看，出色和平庸之間的差別很小，但是長遠的結果差異極大，我覺得這點真的很妙。對業務員來說，出色和平庸之間的差別是每週多赴兩到三個約、每天多打五到十通電話，或是在每週四十五小時的工時中，花三個小時處理業務；對管理者或領導者來說，它是每天多對一個人的工作表現表示認可，委派任務而不是親自去做、每週花三個小時在關鍵策略上，或是對正陷入困境的人給予口頭表揚和鼓勵。以每天和每週來看，這些差異顯得微不足道，但是長遠來看，它們的效果顯著。

我們每個人都有與生俱來的能力，能夠成為一個傑出的人。成就非凡的祕訣在於，**在你不想的時候（這點特別重要），多做一點點。**

令人興奮的是，不管你過去或是現在表現如何，從今天開始，只要選擇去做你需要做的事，你就可以成為一個傑出的人。這真的沒有很複雜，歸根結柢，要麼你在當下成就卓越，要麼根本一生一事無成。

在第一章中，我提過我們大多數人都有兩種人生：一種是我們所過的人生，另一種是我們有能力去過的人生。千萬不要滿足於低於你能力所及的生活。當你承諾每天都要表現傑出，再看在短短十二週之內，你會發生什麼改變。

11
有意失衡

　　年十二週的威力強大，足以改變人生。雖然在這本書中提到的大部分例子，都是應用在企業中，但是它同樣適用於生活中所有領域。

　　大多數人所面臨的挑戰，是如何平衡我們的時間和精力：在工作和家庭、社會服務和娛樂、運動和放鬆、個人愛好和責任義務之間取得平衡。在單一領域花費過多的時間和精力，會讓人產生倦怠感，並且缺乏成就感。你會開始感到人生的某一面向正在耗盡你的精力，偷走你的快樂，動搖真正的人

> 工作與生活之間的平衡，無疑是現代人所面臨最大的掙扎之一。
> ——管理學大師史蒂芬·柯維（Stephen Covey）

生目的，因此也難怪有那麼多人都在尋找方法來恢復生活中的平衡。

如果從字面上來看，「生活平衡」這個說法可謂是一種誤用。想當然耳，人們以為生活平衡的目標是在各個面向耗費等量的時間和精力，但是在現實中，這是不切實際的，也不見得能創造你想要的人生。試圖在每一個面向花費同樣的時間是徒勞無功的，而且往往令人感到沮喪。生活的平衡不是指花在每一個面向的時間都相等；生活平衡指的是**有意的失衡**。

當你有意識地考量如何使用你的時間、精力和努力，以及要用在哪裡，就能實現生活的平衡。不同時期的人生裡，你會選擇側重某一面向而不是另一面向，只要你明白自己為何如此選擇，這是完全沒有問題的。人生有不同的季節，而每個季節都有屬於它的挑戰和祝福。

一年十二週是一段了不起的過程，可以幫助你過一個「有意失衡」的生活。我們有許多客戶利用一年十二週專注於人生中的幾個關鍵領域，並且取得新進展。想想看，如果每個十二週你都專注於生活中的幾個關鍵領域，並取得顯著的進步，你會有什麼改變？

想想你的健康和運動習

> 沒有所謂工作與生活的平衡，只有工作與生活的選擇。你做了選擇，它們就會產生後果。
> ——企業家傑克‧威爾許（Jack Welch）

慣。如果在接下來的十二週裡，你決心在這方面有所改善，會有什麼改變？你可以針對這方面設定一個十二週目標，並且擬出一套十二週計畫。你將定下幾個策略，在未來十二週之內每天且每週重複執行。你的計畫可能包括以下策略：

- 每週至少做三次有氧運動，每次二十分鐘
- 每週做三次重量訓練
- 每天最少喝六杯水
- 每日的熱量攝取限制在 1,200 大卡內

另一個選項是再次設定一個十二週目標，不過並不是制定一套策略計畫，而是確定一個**關鍵（或核心）行動**，並承諾在接下來的十二週內完成。有時候，一套完整的計畫效果最好，不過也有時候，關鍵性的集中投入成效才會最大。

你的人際關係如何呢？你和配偶或重要的另一半、家人與親密的朋友之間關係如何？你可以利用「一年十二週」來建立更好的情感關係，或是與你的伴侶打造更多浪漫或親密關係。如果你承諾在未來十二週之內取得真正的進步，這些關係可能會有什麼不同？它可以是一個簡單的行動承諾，比方說每週安排一個約會之夜或家庭之夜，並且在接下來的十二週中堅持執行。當你下決心採取某項具體行動，在短短十二週內，就能取得令人難以置信的成就。

想想其他領域，例如你的精神、財務、情感、智識和社區生活。也許你是時候擺脫債務或是完成擱置的學位了；也許你一直想要寫一本書、成立基金會，或者學習新語言。你可能無法在十二週之內完成這些目標，但是肯定可以取得重大進展。把你的大目標分成由十二週組成的一小部分，不僅可以讓你持續取得進展，還可以讓每個里程碑變得清晰不已。當你取得真正的進展，你會更有滿足感、更充實，並且保持動力去完成這個計畫。

先從你的願景開始，決定應該專注什麼，然後針對七大方面的平衡狀態（即精神、配偶／伴侶、家庭、社群、身體、個人和事業）對自己打分數。我喜歡用一到十的等級來評量自己的滿意度。十分是我在某個領域所能達到的最佳狀態，換句話說，根據我的定義，十分是「很棒」；反之，一分就是「很糟」。請注意，我用的是我自己對成功和滿意的定義作為評估的基礎。舉例來說，如果你是單身，而你對此狀態感到滿意，你可能會在關鍵性的感情關係這一欄給自己打十分。

對你而言，生活中每個領域要麼產生能量，要不就是消耗能量。想想看：如果你的工作充滿壓力和不確定性，又沒有成就感，它必然會影響你的生活。可是，如果你的職業生涯提供了豐厚的收入，你又樂在其中，就能夠為其他領域帶來能量和動力，並對個人生活產生正面的影響。

一年十二週有辦法提高你的收入和物質財富，增加兩倍、三倍，甚至四倍之多，也有辦法幫助你在任何一面向取得同樣程度的改善。將一年十二週運用到你生活的各個領域，然後準備好迎接一些驚人的事吧！

　　加油！

第 2 部

應用篇

一年之後，你會慶幸自己今天就開始了！

關於一年十二週，第二部提供更多的見解，
並且針對如何持續運用的基礎知識，
提供我們累積十多年的經驗和所學。

我們還提供了實用的工具、範本和祕訣，
讓你以更有效的方式使用一年十二週，實現你的目標。

12
執行系統

年十二週是一套執行系統，透過清晰和專注於最重要的事情，以及此刻非做不可的急迫感，幫助你每天都能發揮最佳狀態，能夠日復一日地完成許多重要的事。如此執行幾天或幾週或許沒什麼大不了，但是當你把一天天、一週週的工作加總在一起，結果就像複利一樣，在短短十二週之內，無論是個人生活還是工作上，就能來到一個截然不同的位置。

你在閱讀本書第一部分的時候，可能已經注意到，除了將你的一年調整為十二週之外，我們還討論過幾個基本要素。事實上，我們認為不論何種工作，對高績效而言，有八個至關重要的要素。 這八個要素是：

- 願景
- 規劃
- 追蹤管理
- 評量
- 分配時間
- 當責
- 承諾
- 卓越的當下

在這一節當中，我們將這些要素分為三大法則和五項紀律。我們發現這樣的結構有助你更好理解這套系統的運作方式，並更容易持之以恆地執行。

這些紀律和法則面臨的挑戰之一，那就是大多數人都知道了，不過知與行是兩回事。當你學會在事業和個人生活中更加有效地使用這些紀律和法則，你會對自己所能完成的事以及完成的速度感到驚訝不已。

三大法則

一年十二週建立在三大法則的基礎上，這三大法則最終決定了一個人的效率和成就有多高。這些法則是：

1. **當責**

2. **承諾**

3. **卓越的當下**

我們來仔細看看每一條法則。

當責

當責歸根結柢就是「自主意識」。這是一種性格特徵，一種生活態度，指的是無論情況如何，都願意自主地為自己的行動和結果負責。當責的本質，是理解到我們每一個人都有選擇的自由。選擇的自由正是當責的基礎。當責的最終目的是不斷地自問：「為了取得成果，我還能多做點什麼？」

承諾

承諾是你對自己許下的諾言。信守對他人的承諾可以建立牢固的關係，遵守對自己的承諾則能養成人格、培養自尊、創造成功。

承諾和當責是相輔相成的。從某種意義上來說，承諾是對未來的當責，它是對未來的行動或結果自主負責。培養自己承諾的能力，對個人和事業的成果影響非常大。一年十二週幫助你培養足以兌現關鍵承諾的能力，並在各方面都能取得突破性

的成果。

卓越的當下

正如我在第十章中所指出，傑出的成就並不是出現在取得很厲害的成果之時，早在這之前，當一個人選擇去做成為傑出的人該做的事，就已經在成就自己的偉大了。結果不是卓越成就的實現，只是對它的確認。早在結果出來之前，你就已經變得很優秀了。成功發生在一瞬間，就在你選擇去做該做的事情的那一刻，以及你選擇繼續做下去的每一刻。

這三大法則：「當責、承諾和卓越的當下」，構成了個人和職業上的成功基礎。

五項紀律

一年十二週既改善了你的思維方式，也解決了你的執行問題。在執行面上，它集中在一套有效執行的成功紀律上，專注於建立你的能力。我們發現不論是運動員或是專業人士，那些表現最好的人之所以傑出，並不是因為點子更好，而是因為他們在**執行紀律**上做得更好。這些紀律包括：

1. 願景
2. 規劃
3. 追蹤管理
4. 評量
5. 分配時間

透過這些紀律，一年十二週將幫助你充分利用自己的知識與技能，促成持續性的行動。

願景

一個令人信服的願景能夠描繪出一幅清晰的未來圖像。你的事業願景必須要與個人願景相配合，並且最終能實現後者，這是關鍵之處。這種一致性確保兩者之間強大的情感連結，進而促成持久的承諾與持續性的行動。

規劃

有效的計畫能闡明並且集中關注實現願景所需的優先倡議和行動上。制定一個好計畫的首要原則是「有效實施」。

追蹤管理

追蹤管理是由一套工具和活動組成的，它使你的日常行動

與計畫中的關鍵行動保持一致。這些工具和活動將確保你將更多時間花在策略性和提高收入的活動上。

評量

評量推動執行計畫的過程，它是現實的定錨。有效的評量來自於結合了領先指標和落後指標，為知情決策提供必要的全面回饋。

分配時間

一切都發生在時間的框架中。如果你無法控制自己的時間，就無法掌控你的結果。因此，你必須抱著明確的意圖使用時間。

關鍵之處在於這五項紀律之間的相輔相成：如果沒有一個清晰且令人信服的願景，那麼其他的紀律真的無關緊要，因為你過的人生並不是有意為之，而是偶然達成；如果你有願景卻沒有規劃，那麼你有的不過是一個白日夢；如果你有一個願景，還有一套關鍵計畫，但缺乏追蹤管理，那麼你會遇到很多挫折，因為有些時候你執行了且有進展，有些時候則不；如果以上紀律你都遵守了，但是缺乏評量的勇氣，你就沒辦法知道哪些是有效的行動，哪些無效，你無法即時做調整，以加速你

的成功；最後，如果一切都準備就緒，但是你卻不打算搞清楚何時該說好，何時該說不，那你就會被時間所控制。

情緒變化週期

要讓一年十二週產生效果，就需要改變，而改變會令人感到不適。了解我們在面對變化時所經歷的情感過程，這會很有幫助，如此一來，我們就不會被它所干擾。每當我們決定對人生做點改變，都會經歷一次情緒上的大起大落。心理學家唐·凱利（Don Kelley）與達瑞·康納（Daryl Connor）在一篇〈情緒變化週期〉（*The Emotional Cycle of Change, ECOC*）論文中描述了這種現象。凱利和康納這套情緒變化週期包括情緒體驗的五個階段，我們將在此探討這些階段（會根據我們的經驗略做修改）。無論你選擇做哪些改變，都會經歷這個變化週期。你可以開始一段新的關係、採買東西、找新工作，以及建立新的社群，情緒變化週期都是一樣的。有時高些，有時低些；有時週期較短，有時較長。但是不論如何，當你決定改變生活，都會經歷這個變化週期（見圖 12.1）。

人們在改變自己的行為時，在情緒上會經歷五個階段：

（一）無知的樂觀

（二）知情的悲觀

（三）絕望的低谷

（四）知情的樂觀

（五）成功與滿足感

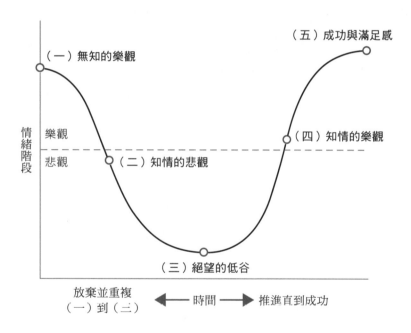

圖 12.1　我們這份情緒變化週期改編自凱利／康納版的模型，並參考了一年
　　　　　十二週客戶們的實際經驗。

12 週 做 完
一年工作

變化週期的第一階段往往是令人興奮的，因為我們想像了所有的好處，尚未感受到任何付出的代價。我們的情緒是受「無知的樂觀」所驅使。在圖表中，這是位於正面情緒的區域。你看到改變帶來的一切好處，看不到任何缺點，所以這是一個很有趣的階段。你正在腦力震盪，制定策略，看看如何能夠創造出你想要的成果。

不幸的是，無知的樂觀不會持續很久。隨著你對「改變需要付出」的事實有更多的了解，正面的情緒很快就會變質。改變的第二個階段即「知情的悲觀」，特點是開始轉變為負面的情緒狀態。到了這個時候，那些好處似乎變得並不那麼真實、重要或立即可見，改變的代價卻是顯而易見。你開始懷疑是否真的值得付出努力去改變，並且開始尋找放棄的理由。這還不算糟的——事情還會變得更糟。

我把第三階段稱為「絕望的低谷」。在這時候，大多數人都放棄了。我們感受到改變帶來的所有痛苦，而好處似乎離我們很遠或者不那麼重要，再說還有一個快速、簡單的方法，可以結束這種不適感：那就是回去用你過去做事的老方法。最終，你合理化自己的想法：以前其實也沒那麼糟糕。

如果你處於「絕望的谷底」時放棄改變，就會回到第一個階段，即無知的樂觀，這比處於絕望的谷底要有趣多了！

正是在處於絕望的谷底時，擁有一個令人信服的願景至關

重要。在人生當中，幾乎所有人都有過這樣的經歷：我們對某件東西的渴望，強大到讓你願意不計任何代價，克服一切障礙去得到它。也許這是你的第一輛車，也許是進入你夢寐以求的大學，也許是追求你想結婚的對象，也許是你夢想中的工作——不管是什麼，你是如此地渴望，以致於為了得到它，心甘情願地付出你的舒適作為代價。當你狂熱地想要實現願景，再加上承諾和追蹤管理的工具和活動，是走過低谷邁向改變的下一階段的道路。

第四階段是「知情的樂觀」。到了這個階段，你成功的可能性要高得多了。你又回到了週期裡的正面情緒區。由於新的想法和新的行動變得常規化，採取行動的好處開始出現，改變的代價也減輕了。這個階段的關鍵之處在於不能喊停！

「成功和滿足感」是這個週期的最後一個階段。在改變的最後階段，你將充分體驗到新行為所帶來的好處，而改變的代價也幾乎不見了。在初期時，這些困難和令人不舒服的行動，到現在已經變成你的例行性工作。你每完成這個週期一次，不僅培養自己的能力，也強化了信心。這時候，你對成功更有把握了，可以繼續進行你想要做的下一個改變。

情緒變化週期所描述的是我們在改變時的情緒變化。若能意識到這個週期，你就不容易受到負面情緒左右，還能夠更有效地管理改變。

封閉的系統

　　一年十二週是一套**封閉的系統**，包含了你成功所需的一切要素。在我們為期兩天的工作坊上，會讓參加者列出想要功成名就所需的一切要素。然後，我們會將所有要素都列在一張白板上。一般來說，會出現二十個以上的要素，需要用到一至兩大張紙才能列完。當我們一條條看下來時，就會發現每一條都出現在上述的紀律和法則中。因此，如果你能充分運用一年十二週這套完整的系統，自然地就會進步。

　　最大的挑戰在於不是每個人都把它當作一套系統來用。人們往往使用其中某些元素，而不用其他元素。這套系統就像其他系統一樣，整體使用的效益要比使用部分的總和大得多。

　　應用和充分利用任何一條紀律或法則，你都能從中受益，但是只有這些紀錄和法則全部用上了，才會出現真正的突破。當你正確使用，一年十二週才會成為一套自我修正的系統，才能留下一條導航路徑，使你能夠準確地找出缺失，並且及時採取修正的措施。這是一套旨在持續改進的刻意練習系統。

　　除了是一套封閉的系統，一年十二週還能促成改變。當你下載了「一年十二週」作為自己的作業系統時，會讓後續的改變變得更容易。我們用電腦做比喻：你可以用錢買到最好的軟體，但是如果你的作業系統跑不動，這些軟體就一文不值。我

們都有過這樣的經驗，不是印表機無法列印，就是文件打不開，或是電腦當機。

當你安裝一年十二週作為作業系統，就可以讓其他業務系統充分發揮作用。舉例來說，大多數公司都有市場行銷、銷售、產品、服務、技術等業務流程的系統。如果沒有一套執行系統，我們往往傾向依循現有的系統，因為那套東西是我們所熟悉又可以預測的，特別是在面對改變的時候更是如此。當你採用一年十二週作為作業系統時，它會支持你所有的業務系統，所以當改變來臨時（而改變一定會來），你就不會經歷大規模的劇變（見圖 12.2）；相反的，你可以輕鬆整合新的系統，就像使用隨插即用的隨身碟一樣。

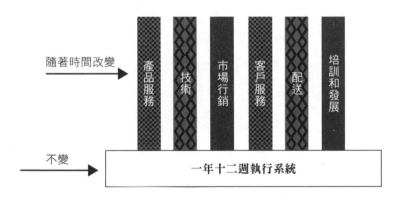

圖 12.2　一年十二週並不是始終凌駕於你該做的所有事情之上。為了讓它長期發揮作用，它必須是你用來完成其他事情的系統——一年十二週得成為你的執行系統。

人都需要穩定感；我們需要有些事情保持不變、始終如一。作為一套作業系統，一年十二週保持不變，它提供一個實施企業倡議和促成改變的一致平臺，以避免隨著變革而來的混亂局面。對個人來說，它是不變的日常基礎。一年十二週並不是要你多做一件事，而是你做事的方式！

在接下來的各章中，我們將深入探討一年十二週的紀律和法則。我們將為你提供更深入的見解，以及有效應用的工具和練習，讓你在十二週內取得的成就，比大多數人十二個月取得的成就還要多。

13
打造你的願景

用一年十二週創造突破的第一步,是為自己打造一個遠大的願景。這應該是一個有趣且勵志的練習,有些時候,你就是會不想按計畫採取行動,因此願景在此就至關重要。為了幫助自己按計畫堅持下去,你需要一個強力的理由告訴你為什麼——而這就是你的願景。

薩爾・杜索(Sal Durso)是我們的老朋友兼客戶,對願景的力量自有一套看法。

多年來,敝公司一直採行一年十二週的紀律。我們使用一年十二週已經習慣成自然,它是我們做事的方式;在遭遇到困難和阻礙的時候,它也是讓我們得以按照計畫堅持下去的方法。

不久前，我們有一批重要顧問離開公司，還帶走了他們手上的客戶和業績，讓我們公司失去很大一筆收入。如你想見，對公司而言這是一段極其艱難的時期，對我個人和職業生涯都有很大的影響。離開的人不僅僅是事業夥伴而已，他們也是我們多年的朋友，失去他們讓所有留下來的人感觸很深。

　　我大可以站在「受害者」的立場，乾脆把造成一切損失的所有責任，歸咎於已經離開的那些人。好吧，回首過去，也許有那麼幾天，我的確是抱著「為什麼是我」的心態，但是最終我的願望和願景戰勝了一切──我的願望和願景是建立一個即使沒有我，也能長存的企業。

　　就在這段時間裡，我去了一趟當時的我正需要的夏季之旅，前往不可思議的阿拉斯加。在那裡，我有意識地改變自己的思維，反思那些使人生美好的事情：我與上帝之間的關係，擁有任何人都會引以為傲的妻子和家庭，以及一家正在締造里程碑的企業──長期獲利五十年，這樣的里程碑相當罕見！

　　那趟阿拉斯加之行，我們沿著肯尼寇特河（Kennicott River）做了一次奇妙的漂流之旅。當我們繞過另一個風景優美的彎道，眼前出現一片令人難以置信的紫色花海。放眼望去，山坡上盡是這片花海。導遊說這種花叫「火之草」（fireweed，學名為柳蘭），就在沒幾年之前，這片視野所及之處還是森林大火過後焦黑的一片殘破之象。這片紫色花海的

出現，正是森林再生的第一個跡象，讓我充滿了敬畏之情，並對即將重生的森林滿懷希望和期待。顯然，即使是大自然也有辦法創造一個未來的願景。

當時我就想到，與其思考我們所失去的那片焦黑殘土，不如專注在使業務重生的新跡象上。身為組織的領導人，我清楚地體認到，我們公司需要一個與我剛才看到的相同新願景，而我的角色就是要打造出這個願景。

我精神奕奕、容光煥發回到辦公室後，在接下來的幾個星期裡，大部分的時間我都在和團隊裡的成員交談，詢問他們認為我們的組織有什麼與眾不同之處，以及對未來有什麼看法。這些討論和好幾個小時的沉思有助我設定一個願景，一年後這個願景長成我們的火之草，也是公司的指路明燈。

距離我們公司發生那場「森林大火」一年後，火之草已經長出來了，使我們成長得比以前更苗壯的幼苗正在發芽。我們的領導團隊、顧問和員工都說，經歷了一年前發生的事，我們公司成為一家更棒的公司。身為一名領導者，我知道公司全體上下一心一意要實現的願景是改變的推動力，它將在未來幾年形塑我們的組織。當人們在共同願景之下聯合起來努力，真正的成功才會發生。也許未來會有更多的風暴侵襲，但是願景和信念將支撐我們走下去。

薩爾見識到願景的力量所能帶來的進展與進步，並採取了行動。許多人忽視了願景的潛力，即使是在一片焦土的環境之下，願景也能創造出激發積極行動所需的情感能量。你是否也像薩爾一樣腳下一片焦土，或者你目前做得很好，但是渴望更上一層樓？在這兩種情況下，不論是哪種，一個令人信服的願景是推動你前進的強大力量。

最強大的願景能夠滿足你的個人抱負，並與你的事業理想保持一致。最終，你的職業願景往往會挹注並促成你的個人願景。為了讓願景能夠幫助你克服改變所帶來的不適感，你必須明白自己想過怎麼樣的人生。大多數人主要關注他們的事業或職業生涯，但事業只是你人生的一部分，實際上，關於事業的吸引力和連結的源頭，都來自於你的人生願景。

最好的願景都是遠大的。根據我們的經驗，任何傑出的成就都離不開一個遠大的願景。從醫學、科技、太空旅行到全球網路，人類所有的大成就都是先有展望，後有創造。個人的重大成就也必須先有遠大的願景在前。因此，我們想挑戰你，把夢想做大，想像自己真的很傑出。你的願景應該大到足以讓你感到至少有那麼一點點不適。

不可能、可能、很可能、假設

　　不幸的是，當我們想像的未來比目前的現實要遠大得多時，就會開始認為那是不可能的。我們可以看到有人已經成就大業，卻認為**我們**絕對不可能達成目標。當你開始設想一個遠遠超出過去的你所能做到的目標，大多數人馬上會問：「我要如何做到這一點？」這個問題其實問錯了。事實是，你不知道如何去做，因為如果你知道，你很可能已經在做了，而且身處在那個現實之中。「你不知道如何去做」的這個事實，讓你形成一種想法，即這是不可能的事（至少對你來說是如此），而它使你能在「不可能」到「確定性」的軸上來回移動，找出新的目標。

　　在這種心態下，你的能力是有可塑性的。問題是，如果你**認為**不可能做到，你就永遠無法實現。汽車大王福特說：「不論你認為自己做得到或是做不到，你的想法都是對的。」那麼，實現你最大夢想的第一步，就是要將不可能（impossible）的想法轉變為可能（possible）。要做到這一點，不應該問「如何」，而是要問「如果……」。對你，對你的家人、朋友、團隊、客戶和社群來說，會有什麼不一樣？透過自問「如果……」，你允許自己接受這種可能性，並且開始感受帶來的好處。當你這樣做，渴望就會增強。即使你的未來之門只打開

了一小道縫隙，但已經足以讓你的思維自動從「不可能」轉向「有可能」。

一旦看到自己的願景是可能的，那麼你就開始從「可能」轉變到下一個層次：很可能（probable）。透過提出我們之前迴避的問題來實現這個轉變：「我如何才能？」（How might I?）「如何」這個問題並不是不好；事實上，這個問題問得很好，但是時機是關鍵。如果問得太早，就會使整個過程停滯不前；一旦你認為自己的願景是可能的，那麼「如何」就是一個至關重要的提問。關於願景的提問是「如果……」，那麼「如何」就是關於規劃的提問。

為了創造一個有效的願景，你的思維需要做最後一次的轉變，從「很可能」轉變為「假設」（given）。一旦開始執行計畫，這個轉變會自然而然發生。「假設」是一種強大的心理狀態，在這種狀態下，任何疑問都會消失，而且在心理上，你已經來到了最終的結果。當你看到結果開始實現，你的思維幾乎就會自動移轉到「假設」上（見圖 13.1）。

願景的設定

理想的願景可以平衡個人生活和職業生活。通常，你的熱情來自於個人願景，而熱情則是動力的來源，幫助你度過改變

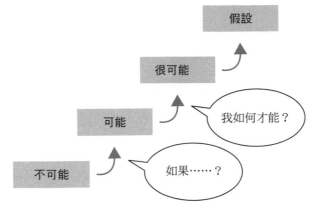

圖 13.1　執行之旅首先是一趟思維之旅。如果你認為一件事不可能做到，那就不可能做到。最重要的是，要相信你可以實現目標。

的痛苦和絕望的低谷。如果你打算有所突破、更上一層樓，你必須跨越恐懼、不確定性和「絕望的低谷」所帶來的不適。遇到困境時，正是個人願景讓你能夠堅持下去。

願景為你提供一條視軸、一條情感的紐帶，幫助你克服挑戰和執行。當任務看似過於艱鉅或不愉快時，你可以重新與願景連結。正是這種連結提供你內在的力量，讓你不顧任何困難，勇往直前，最終實現夢想和願望。

你需要把願景集中在這三個時間範圍裡：

1. **長期願望**

2. **中期目標（大約在未來三年內）**

3. **十二週（將在下一章討論）**

人生願景

　　所以，就讓我們從長期的人生願景開始。在擬定人生願景時，你必須開拓你的視野，去想像甚至擁抱那些在日常生活中經常被我們擱置到一邊去的可能性，那些因為它們不夠迫切、不足以引起我們的注意、不切實際或過於大膽因而不考慮，更不用說去追求的可能性。現在就花幾分鐘的時間，想想在生活中你想擁有、想做、想成就的事。對你來說，在身體、精神、心理、情感關係、經濟、職業和自我實現等方面，最重要的是什麼？你希望有多少自由的時間？你希望有多少收入？把你所能想到的一切都寫在一張紙上，不要遺漏。

　　現在，從這張紙上選出你深深認同的項目，為你未來五年、十年、十五年後的人生構築願景。大膽一點、勇敢一點，創造一個能夠激勵你去實現目標的人生願景。沒有所謂正確或錯誤的答案，因為這就是你深切渴望的人生。

▶ 人生願景：

三年願景

既然我們已經思考過人生的可能性，讓我們更具體談談。根據你的長期願景，未來三年內你想要創造出什麼？盡可能詳細描述三年後你的人生和職業生活有多**美好**。在這個階段說得越具體，擬起十二週目標和計畫就越容易。

▶ 三年願景：

轉換思維

從本質上而言，願景是一種思維練習，但你如何看待願景這個概念，將影響你理解願景並從中受益的程度。

關於願景的限制性信念，主要是空泛又不切實際，在成功和獲得成果的過程中顯得微不足道。但現在你已經知道，事實並非如此。如果運用得當，願景是高績效表現的燃點和動力泉源，它是你行動背後最重要的**動機**。如果從這個角度來看，願景所具備的力量，足以使人面對並戰勝恐懼，持續採取大膽的

行動，並活出有意義的人生。

從把願景視為虛無縹緲，到把它看作是所有前因之母，這是一種思想上的根本轉變，將會帶來龐大的回報。當你了解願景真正的力量，就會想要花更多的時間與自己的願景建立連結，開始擺脫你施加在自己身上的限制，這些限制阻礙了你的發展。願景是一切高績效表現的起點。

團隊應用

雖然願景通常屬於極個人的一種練習，但是管理者往往可以採取具體行動，幫助下屬更有效地使用願景。因為願景會產生自主性，所以願景是一切與高績效相關訓練的最佳起點。如果你的下屬能為他們的願景自主負責，那麼幫助他們掌握自己的目標和規劃策略就會容易多了。這是關鍵的步驟，如果沒有這一步，他們擬出來的目標和計畫就是你的，不是他們的。

採用一對一的會談方式，評估團隊成員的願景：請求對方的允許，與對方一起檢視他的職業願景；深入探討他們的事業願景對他們之所以重要的原因何在；探究實現事業目標能夠為他們的人生帶來什麼；詢問他們對願景的自主程度和情感上連結的程度有多少。

會談時的提問建議

- 「為什麼構成願景的元素對你而言很重要？」
- 「什麼是你現在做不到，實現願景以後你就能做到的事？」
- 「如果你達成了目標，對你和你的家人、朋友、同儕、客戶、社群來說，會有什麼不同？」
- 「你是否願意承諾採取必要的行動，來實現你的願景？」
- 「你與誰分享過你的願景？」
- 「從你寫下願景以後，多久看它一次？」
- 「你必須採取哪些行動，才能實現你的願景，並達成你所設定的十二週目標？」
- 「可能會阻礙你實現願景和目標的風險或障礙有哪些？」
- 「我該怎樣做才能給你最大的支持，幫助你實現你的目標和願景？」

　　一旦他們對自己的願景有了明確的自主權，下一步就是幫助他們訂出一套行動計畫，來實現這些目標。第十四章中有關於十二週計畫的操作方法，有助你輔導他們完成這個步驟。

在為下屬做個別輔導的時候（我們鼓勵你至少每個月做一次輔導），請從他們的願景切入，展開對話。他們是否有所進展？與他們討論是否願意採取必要的日常行動，來實現這個目標。如果他們不願意採取困難的行動，務必讓他們面對現實：「長期願景將無法實現」，當自主意識出了問題，願景就容易崩解。如果他們不願意採取必要的行動，這表示他們寧可擁有當前的舒適安逸，也不想擁有願景所描述的理想未來。

在這樣的情況下，他們有幾個選擇，要麼降低對人生的期望，要不就是重拾勇氣和紀律，持續執行規劃好的策略。好消息是，遇到這樣的分歧點，大部分時候你的團隊成員都會重新建立連結，選擇追求抱負願景而不是甘於平庸。

團隊願景

身為一個領導者，重要的是為你的公司、部門或小組建立「團隊願景」。這並不是一份措詞得體、裱起來後掛在牆上的聲明。團隊願景與個人願景差不多，它描述的是在未來某一明確時間點會抵達的目的地。作為一個團隊，你們會想要找出關鍵的行動。實現這個目標最好的辦法，是讓團隊的每個成員先建立他們個人的願景，再為團隊建立一個共同的願景。

建立團隊願景的時候，其動力與打造個人願景時相同。先

從長期願景開始，邀請大家集思廣益，思考一間很棒的公司或是辦公室未來會是什麼樣子，請他們說得盡可能具體，並在適當的時候定出明確的標準。每個人都要有機會與大家分享他們的想法，再縮小視野，將目光投向三年後，共同決定要保留哪些具體的元素，哪些不要。

☹ 陷阱

1 | 你沒有正視願景的力量

　　有些人，特別是 A 型人[6]，認為願景是虛無縹緲的東西。以這種角度看待願景的人往往會跳過目的，直接投入到行動中。然而，當情況變得困難的時候，如果沒有能令人信服的理由，沒有一個具說服力的「為什麼」，你就很難長期堅持對這份工作的承諾。與此一陷阱相似的行為還有：不把你的願景放在眼前時時提醒、你的計畫與願景不合、你不記得願景的內容。

2 | 願景對你而言沒有意義

　　有時候，我們在打造願景的時候流於膚淺。我們放進了想要的東西（我們自認自己應該會想要），而不是放進對我們有意義的東西。打造願景需要時間。繼續努力吧，直至找到與你能產生情感共鳴的願景為止。

3 | 你的願景太小了

　　太小的願景無法激勵我們盡最大的努力，使得我們不需要延展自我，也不需要犧牲舒適就能實現。小願景固然

6　此處 A 型指的不是血型，而是一種性格特質。指的是更具競爭性、較為急躁、缺乏耐心、更重視時間管理的「A 型性格」。

容易實現，但是也使得我們失去發揮自己最佳能力的機會。願景應該讓你覺得不適，並挑戰你以不同的方式去做、做不同的事情，這樣才最有效。

4 ｜你沒有把願景與日常行動連結起來

每一天都是一次機會，要麼朝著你的願景前進，要麼在原地踏步。如果你所採行的計畫與願景是一致的，就能確定自己每天都在做「最重要的事」。

☺ 祕訣

　　你已經精心打造出你的願景，也做過一番檢查，避免犯下常見的錯誤。現在，這裡有三個重要的行動祕訣，可以讓你的願景更具威力：

1 ｜與他人分享

　　分享你的願景會加深你對它的承諾。當你告訴別人想要的人生願景，你會覺得更有責任要採取行動。

2 ｜與你的願景保持緊密連結

　　把願景印出來，帶在身邊。每天早上看一遍。如果找到可以讓它變得更具體、更有意義的方法，就更新它。

3 ｜有意識地生活

　　每天結束之際，花幾分鐘時間反省一下你今天的進展：你是否有所前進，還是填滿了與願景無關的活動？下定決心，有意識地採取行動，就能一步步實現你的願景。明天你要採取什麼行動呢？

14
開始十二週計畫

本章將引導你寫下第一份十二週計畫。在制定十二週計畫之前，你必須定義並承諾全心全意實現你的願景。如果你還沒有這樣做，一定要透過第十三章預先做好準備，擬出一個有效的十二週目標，並制定一套扎實的計畫來實現它。

計畫有好處

除非你的工作內容大多屬於被動性質，否則你很難否認事先規劃的價值。事先規劃使你能夠將時間和資源分配給最高價值的機會，提高你實現目標的機率，幫忙你協調團隊，創造競爭優勢。

儘管事實證明按照計畫工作有許多好處，但並不是每個人都照計畫行事。其中一個原因是許多人對採取行動有所偏誤。雖然行動偏誤（action bias）[7]可能是一件好事，但也會產生低效率的執行。我們會變得不耐煩，希望快快把事情做完。然而，一個有效的計畫需要制定的時間，而且需要下點工夫。這似乎違反直覺，但是透過花時間事先規劃，將會大大減少完成一項任務所需的整體時間和精力。

　　許多人不按計畫做事還有一個原因，他們的想法是：「我已經知道我需要做什麼，所以我不需要一個計畫才能完成它。」從表面上看，這似乎是合理的，不幸的是，人們所知和所行之間幾乎總是存在著差距。舉例來說，許多人都希望自己的身材更好，而幾乎所有人都知道，這要靠健康的飲食和運動。可悲的是，大多數人的身材並沒有變得更好。這是因為光是**知道**該做什麼是不夠的。世事喧囂，總有意外，令人分心的事層出不窮，我們被渴求舒適的天性吸引，不再關注我們明知自己該做的事。

　　因此，為了提高你的成功機率，你所能做的最有效的事情之一，就是擬個「書面」計畫，並且按照這個計畫開展工作。

　　十二週計畫不只是對企業而言很有用，一份寫得好的計

7　指比起先充分了解情況，人們傾向於直接採取行動的一種心理現象。

畫，幾乎可以對人生的每一面向產生正面的影響。企業家 J.K. 麥克安德魯斯（J.K. McAndrews）講了一個小故事，內容是關於他兒子和一年十二週。

我兒子凱文是路易斯安那州立大學的大四生，幾年前，他面臨一個難題：在學校、兄弟會和橄欖球隊三者之間很難取得平衡。那年的聖誕節假期，我傳授他一年十二週的基本法則，從下一個學期開始，他訂出明確的目標，以及支持這些目標的策略和戰術。從那時起，每週日晚上他都會寄一份週計畫給我，甚至還會加上一句妙語，也就是找一句勵志名言，為那一週的自己打氣。之後，他的成績提高了，更重要的是，更聚焦在自己的目標上，更有條理，此時的他，真正明白了所謂「卓越的當下」的意義。

改變遊戲規則

我們發現按照「一年十二週」的週期運作，提高了時間的附加價值。對於實現你的目標而言，十二週之內的每一天都很重要，每一天都有機會實現你的目標。當你的**一整年**只有十二個星期，使得每一刻都有了關注的價值。由於你的未來是現在創造的，一年十二週的好處之一，就是學會在當下採取行動。

然而，可以有兩種截然不同的方式活在當下：被動，或是主動。如果你是被動地活在當下，你面臨著採取次優行動的風險，因為驅策你行動的主要因素是「外部觸發」：電話鈴響了、「你有一封新的電子郵件」、新的任務出現、有人敲你的門，於是你被「啟動」了。一般來說，你不是在「好活動」和「不好的活動」之間做選擇，而是在「高價值活動」和「低價值活動」之間做選擇，而這個高低之分在當下往往並不明確，因此在當下很難知道你的最高價值活動是什麼。

這就是為什麼十二週計畫有如此多的好處。當你有了一個以行動為導向的計畫，就不必依靠外部觸發來啟動；相反的，你的計畫會觸發你的行動。當你擬好計畫，在這十二週的一開始就主動做出了行動。簡而言之，一個十二週計畫可以幫助你每天完成更多**對的事**，最終幫助你更快實現目標，並且產生更大的影響。

十二週計畫的另一個好處，是持續關注那些讓你取得成果的少數重要行動。由於你根本沒有時間完成所有的事情，所以你不可能在十二週之內追求一大堆不同的目標。**在十二週之內，你只需專注在能實現目標的最少關鍵行動上。**

你還能獲得的第三個好處，是十二週的時間較短。由於時間範圍縮短，減低了不確定性，因此你在行動的規劃上會更有效率。由於年度計畫通常不是以行動做為基礎，因為你幾乎不

可能去預測四個月或更長時間以後的行動。相比之下，這是「一年十二週」隱藏的好處。

由於有很多不確定性，大多數的年度計畫都是以目標為基礎，也無法按事先的規畫執行。典型的年度計畫告訴你必須實現**什麼**，但是沒說具體說明**如何**實現。一旦沒有明確定義如何實現，你會失去範圍感，很容易讓自己承擔了過多、過大的任務，最終放棄實現目標。

每日和每週行動是十二週計畫之所以容易執行的原因。當你把計畫細化到一項項行動，就是在為未來的成功做好了準備。

下面是我們的朋友派屈克・莫林（Patrick Morin）執行十二週計畫的經驗：

我對「一年十二週」計畫的熱情始於一項減重挑戰，那就是減掉我身上始終減不掉的 17 公斤。十二週計畫中，目標、策略和戰術完美地結合在一起，解決了令我煩惱的體重問題，更成為我參加鐵人三項比賽的利器。目標既已達成，我到處宣傳自己的身材後，又四處找尋任何用得上一年十二週的地方。

那個時候，我們正在為一家醫療保健的新創公司籌募資金。我們從一月份就開始認真工作，撰寫所有必要的文件，準備產品。這個過程比我們當初預期的還要長，我們不得不一直從內部提撥資金，漸漸耗盡了資源和耐心。

在我看來，這恰是最適合實施「一年十二週」的所在。

七月初的某個星期一，我召集公司的資深員工來規劃此事。關鍵目標非常明確：為了讓這個想法（和這家公司）能夠活下來，我們必須在未來十二週之內完成招商說明書且籌措好資金。當時的經濟環境可以用「慘淡」兩個字來形容，總的來說，就是很難找到投資人，這是一個需要付出非常非常多努力的任務。

公司的願景很明確，下一步是擬出一套十二週的計畫來取得資金。我們必須忘掉前面六個月的步履艱難，只專注於未來十二週。

透過「每一天就是一個星期」的激勵口號，我們在第一週就完成一百頁的招商說明書。提交給法律團隊審查後，一週後就被批准了。這時，我們真正開始卯足了勁，大幹一場。

我們每一個人都對外接觸自己認識的數百人，直到找足關鍵數量的人願意加入，在十月十日這天完成了第一輪的招商。

此番努力所產生的能量延續到我們後來做的任何專案，而且每一個項目都有自己的一年十二週計畫。使用一年十二週計畫所形成的公司新步調，受到了投資人、員工和管理層的一致好評。

好計畫執行起來穩札穩打

想像一下，你開著一輛越野車，導航彎彎繞繞、混亂無序，好幾個指示合併為一個，還忽略了一大段車程。你可能會想搧那提供指示的人幾個耳光，然後停下來找出更好的指示，要不就是放棄，垂頭喪氣回家去。

這段話聽起來很傻，但是我敢打賭，如果你知道有多少人擬出來的商業計畫書，就像那些亂七八糟的方向指示一樣，你會驚訝不已。我們經常看到一些計畫，不是少了些步驟，就是把複雜耗時的過程放在同一個策略中，而且行動先後順序安排不對。更慘的是，很多時候計畫只是一堆想法和概念的組合，連具體說明達到目標需採取的行動都沒有。這就像從邁阿密開車到芝加哥時，你的導航這樣說：「上車，朝芝加哥的方向開」，這種計畫實在太常見了，它們只會妨礙你抵達目的地。

撰寫出有效的十二週計畫，是你之所以能在短短十二週之內有所成就的關鍵。這份計畫包含要在十二週內達成的目標，以及為了實現這點，每一週你需要採取的行動。

長期能力 vs. 短期結果

計畫不但可以培養將來的能力，還可以推動短期的結果。每個計畫都應該有一個目標，以利在十二週內推動前進。如果

這份計畫是為你的事業而擬，就意味著它應該以在十二週內要達到的收入為目標。

還有一些計畫可能是針對培養未來的能力為目標，例如進修、招募員工、技術更新、採用新的系統等。為培養能力而付出的努力和資源是立刻支付的，好處則需要等到未來的某個時候才會兌現，因此在你的計畫中，總要有能創造短期成果的活動，這點非常重要。

有效計畫的結構

如果你想成功，計畫的結構很重要。一個好的計畫始於一個好的目標。如果你的目標不具體或是無法衡量，寫出來的計畫也會很模糊。你的十二週目標越具體、越可以衡量，就越容易擬出一套扎實的計畫。

許多十二週計畫是由兩到三個目標組成的。比方說，你可能有一個目標是十二週內減重 4.5 公斤，另一個目標則是業績 300 萬。接下來，所有目標你都需要個別規劃策略，策略是你為了實現目標必須採取的**具體行動**。如果你正在努力減肥，你的策略可能包括「每日的熱量攝取限制在 1,200 大卡內」和「每週做三次有氧運動，每次二十分鐘」。要注意的是，這些策略要以動詞開頭，而且都是一個完整的句子。撰寫目標和策

略的方式很重要。至於另一個業績 300 萬的目標,則需要另外一套策略。

擬定目標和策略時,有五個標準可以幫助你制定出更完善的十二週計畫:

1. 具體且可衡量

針對每個目標和(或)策略,一定要量化和質化標準。你要打多少通電話?你將減掉多少公斤?你要跑多遠?你想要有多少收入?訂得越具體越好。

2. 正面陳述

把重點放在你希望發生的正面事情上。例如,與其關注 2% 的錯誤率,你應該將目標定為 98% 的準確率。

3. 合理的延展性挑戰

如果你在不做任何改變的情況下就完成目標,那麼可能需要多延展一點。如果是絕對不可能辦到的事情,就退後一步。如果你這輩子從未要求別人幫忙轉介,那麼「每次與客戶互動都要求對方幫忙推薦轉介」這樣的策略可能過於遙不可及。切實可行一點的策略可能是「每週最少在會議上要求一個客戶幫忙推薦轉介」,這也算是一種延展性挑戰了。

4. 分配責任

這適用於以團隊為任務執行單位者（如果你是自己一個人，那麼責任就全在你身上）。每個目標和策略的個人責任至關重要！人人有責的挑戰相當於無人負責的挑戰。

5. 要有時間限制

沒有什麼比一個最後期限更能夠讓事情動起來，並且保持行動。因此務必要訂出時間，包含達成目標的時間或是執行策略的日期。

除了前面的標準之外，每個策略都應該以動詞開頭，還要是完整的句子，並且在預計完成時間之內執行完畢。圖 14.1 是一套十二週計畫的範本。

十二週目標

- 開發新業務，業績目標 300 萬
- 減重 4.5 公斤
- 改善我與太太卡蘿的關係

▶ **目標：開發新業務，業績目標 300 萬**

策略	預計完成時間
找出有可能在未來 12 週內成交的機會（金額最少 30 萬）	第一週

每週最少打 5 通電話給潛在客戶，且至少安排 3 場會談	每週
每週最少安排 2 場初步會談	每週
為每個潛在客戶建立獨立文件，擬出接下來的步驟	每週
每週持續跟進潛在客戶，直到交易完成	每週
在牆上畫出銷售追蹤圖，每週更新	每週
每週檢討成果，確認是否需要修改計畫	每週

▶ **目標：減重 4.5 公斤**

策略	預計完成時間
每日的熱量攝取限制在 1,200 大卡內	每週
每週至少做 3 次有氧運動，每次 20 分鐘	每週
每天至少喝 6 杯水	每週
每週做 3 次重量訓練	每週
加入健身房	第一週

▶ **目標：改善我與太太卡蘿的關係**

策略	預計完成時間
每週安排 1 次沒有孩子的約會之夜	每週

圖 14.1　十二週計畫範例。

設定十二週目標

　　決定方向是抵達目的地的第一步，而有效的計畫絕對是始於一份用心撰寫、內容具體、可衡量的十二週目標，也就是你全權負責的目標，換句話說，一旦實現了，就能為你創造效益及意義——這是一個能帶來改變的目標。

　　十二週目標是從你的願景過渡到十二週計畫之間的橋樑。對你而言，十二週目標應該是切實可行的延展性目標。目標如果不夠切實，你會灰心喪志；如果它的挑戰延展性太小，你就不需要這份十二週計畫，因為靠你目前的運作方式，就可以實現你的目標。

　　現在該來設定你的十二週目標了，它需要與你的長期願景一致，同時也代表你在未來十二週內**取得的成就**。請回到第十三章，回顧你的長期願景和三年願景，且決定在未來十二週你願意全心全力取得的進展。一旦你決定了十二週目標，就寫下來。

▶ 十二週目標：

　　最好的十二週目標是切實可行的，也要有足夠的延展性，它將要求你盡最大的努力達成。思考一下，為什麼十二週目標對你而言很重要？一旦達成目標，你會有什麼不同？

制定十二週計畫

　　現在是時候寫下你的第一份十二週計畫了。這份計畫是達成你的十二週目標所需的路線圖。理想的計畫是集中在未來十二週內你想取得進展的一、兩件事情上。目標和每週行動越少，這份計畫就越容易執行。

　　正如巴頓將軍（George Patton）所說：「今天的好計畫勝過明天的完美計畫。」對你的計畫內容不要想太多，不要擔心計畫不完美；世界上從來沒有完美的計畫。一旦有了一份好計畫，你在執行策略時，就能告訴你什麼是最有效的行動，這樣一來，你就可以重新調整計畫。

請記住，從基本面來看，計畫只是用於解決問題。你的計畫要解決的是如何**縮小今天的成果與十二週目標**之間的差距。

　　首先，把第一個十二週目標寫在「目標1」裡。每一個目標都要分開來寫。也許你會發現自己只有一個目標，這沒關係。接下來，找出可以實現目標的行動，針對每個目標訂下每日與每週必須優先採取的策略。這裡有一個小祕訣：請另外拿一張紙，在紙上列出你能做的每一件事，然後選擇對結果產生最大影響的活動，這會很有幫助。有些行動可能是重複性的（例如，每天運動），有些行動在十二週之內只會發生一次（例如，加入健身房）。對於你決定執行的行動，以動詞開頭，描述你打算採取的行動，要寫成完整的句子。最後，在「預計完成時間」一欄中，說明你打算在哪週執行此項行動。

▶ **目標1：** _____

策略	預計完成時間

▶ 目標 2：_____

策略	預計完成時間

▶ 目標 3：_____

策略	預計完成時間

在完成你的計畫之前，問問自己以下的問題：

• 哪些行動對你來說較為困難？

• 你該做什麼才能克服這些困難？

轉換思維

如果計畫沒有用心撰寫，將會導致你的執行力很差。你對計畫本身的看法，將影響十二週計畫的品質和整體的成功與

否。以下我們來看看可能阻礙你的一些常見心理障礙。

大多數人心知肚明，他們應該按照計畫做事，但是如果他們本身的經驗是「計畫很少能夠被執行」，那麼他們就不會花時間去制定一套規劃良好的計畫。如果你也有這樣的經驗，請記住「一年十二週」是完全不一樣的東西。為了達成目標，一份十二週計畫包含你每週需要採取的關鍵行動，而行動在計畫中的角色至關重要。你無法根據年度計畫的目標或目的採取行動，卻可以按照十二週計畫採取行動。

還有一個陷阱是：「你沒有足夠的時間來做規劃」。這種想法很普遍，可是它有漏洞。幾年前，我曾經參與過一項非正式的研究，這份研究結果指出計畫帶來的效益：如果你在從事一項複雜的任務之前，有先花時間規劃，可以將完成任務所需的總時數減少 20％。

團隊應用

身為團隊領導人，讓你的團隊使用一年十二週可以帶來轉變。試著想像，如果你所帶領的每個團隊成員，都能對自己所追求的人生願景和十二週目標全權自主；如果你的團隊週復一週，始終如一地執行他們的關鍵行動，會有什麼不同？

身為一名管理者，你可以做幾件事來幫助團隊迅速進入「一

年十二週」，並創造最大的效益。第一步是要求他們閱讀這本書，要求他們建立自己的願景和計劃範本。等他們擬好自己的願景和計畫之後，你要安排時間與每名團隊成員單獨坐下來談一談，檢視他們的十二週目標和計畫。這個會談的目的是修正他們的計畫，並且確立你在幫助他們實現十二週目標時的任務。

當你與團隊成員進行會談，首先要先關注他們的十二週目標。他們是否真心渴望這個目標，或者只是對它感興趣而已？這個目標是否切實可行，並且對他們來說是具延展性的挑戰？他們是否相信自己能夠實現目標？必要的話，可以提出適當的**建議**去改變他們的目標，但如果你希望他們能對目標全權自主，務必要確保這目標仍是他們的，而不是你的。

一旦完成十二週目標，就該轉而審視他們的策略。當你提供建議時，務求讓他們的計畫只集中在少數幾個目標，與實現這些目標的關鍵策略上。至於如何幫助他們改進計畫，請參照本章〈有效計畫的結構〉一節。

開始規劃十二週計畫

身為一個管理者或團隊成員，有時候必須制定共同目標和計畫。通常，一份有效的團隊計畫比個人計畫，更能有效利用人才和資源。

團隊規劃的過程與個人規劃的過程類似，只是由團隊聯手

設定目標並制定計畫：要求參與者對十二週的總體目標提出意見；與團隊一起敲定目標，確保他們不但共同擁有這個目標，同時也要個別對這個目標負責。

接下來是腦力激盪的時間，大家一起找出達成每個目標所需的策略；然後從中選出能獲得最大效益的執行策略，數量越少越好。

重要的是，每個策略都要分配到一個人負責，即使有好幾個人做同一件事也無妨。對策略負起個人責任是推動團隊執行過程的關鍵。不過，如果一個策略由多名成員單獨完成，你最好將團隊目標再細分給每個成員，效果會更好。例如，如果團隊策略是「每週召開二十場潛在客戶開發會議」，團隊成員有四個，那麼每個人就可以分配五場會議當作個別策略。

最後，為團隊做計畫時，還有兩點建議。首先，不要高估團隊的能力。理想的團隊計畫是簡潔的，並且包含足以達成團隊目標的最少行動，不可再多。其次，不要頭重腳輕，加重計畫的初期負擔；相反的，如果可能，盡量將行動平均分攤給十二週。

☹ 陷阱

1 │ 你的十二週計畫與長期願景不一致

　　最重要的事，確保你的十二週目標和計畫一致，並且是長期願景的延伸。設定目標時，要與願景連結，並在十二週結束時達成目標，才能與你的長期願景保持同步。

2 │ 你沒有保持聚焦

　　聚焦非常關鍵。如果訂太多目標，最終會讓優先項目和策略變得太多，反而無法有效執行。不可能每一件事都是優先項目。你需要拒絕一些事情，才能在最重要的事情上表現出色。將注意力集中在幾個關鍵領域，這一點需要勇氣。記住，「每十二週就是新的一年」。想像一下，如果每十二週你都能聚焦在一至兩個關鍵領域，並且滿懷激情和專注去做，一年後會發生什麼事？在十二週結束時，繼續找出接下來聚焦的新領域。

　　一年十二週計畫旨在幫助你專注於少數關鍵領域，並在短時間之內取得重大進展。

3 │ 你沒有做出困難的選擇

　　針對一個目標，找出八個、十個，甚至更多你可以採取的策略（行動），是很常見的事。大多數的情況下，並

不需要執行你所能想到的每一種策略,事實上,這樣做反而可能有害無益。雖然集思廣益把所有可能的策略都列出來很有用,但這並不意味著你要把所有的策略都付諸實行。試圖執行太多的策略會使你分身乏術,還會感到不堪負荷。話雖如此,記住這個關鍵:策略沒有正確的數量。就像設定目標一樣,通則是「少即是多」。如果你能用四種策略完成目標,就不需要用到五個。因此,在腦力激盪之下,想出所有能想到的策略,然後從中選擇關鍵的幾個去做就好。

4 | 你沒做到保持簡單

規劃可以很複雜,有些公司甚至有專門負責擬戰略計畫的部門。但在一年十二週,我們應該保持簡單。如果你覺得它變複雜了,很可能是真的太複雜了。記住,把重點放在少數關鍵領域和你能採取的行動上,專注實現目標。

5 | 十二週計畫對你沒有意義

你必須根據對你而言最重要的價值來制定計畫,否則到了執行階段,這份計畫對你的吸引力就太小了。人們常常拿別人認為重要的目標來制定計畫。雖然執行計畫並不複雜,但是也不見得容易。如果你的計畫對你沒有意義,執行起來就會很吃力。你要確保自己專注於最重要的領域。

15
追蹤管理

年十二週始於一個願景，並且從這個願景出發，建立一套十二週的目標。在這些目標的基礎上，制定一個十二週的計畫。然後，就是「追蹤管理」。

美國拳王麥克・泰森（Mike Tyson）曾說：「每個人都有自己的一套計畫，直到他們被打得不成人樣。」即使在你被打得滿嘴找牙之際，追蹤管理是一套工具和活動，幫助你更好地執行計畫。

確保事情得以完成

光有願景和計畫是不夠的。為了幫助你發揮更高水準的表

現，就得端出具體的策略，這些策略對你而言代表新的行動。新的行動幾乎總是令人感到不舒服——這就是改變如此困難的主因之一。找出能夠創造更好表現的行動是一回事，始終如一堅持去做則是另一回事。如果沒有架構和環境的支持，堅持到底就會成為一場對意志力的長期考驗。依靠意志力偶爾是可行的，但是正如研究顯示，意志力有一個疲勞因子。我們都有過這種經驗，有時候我們堅持不懈，有時又輕易放棄。

如果你要發揮自己的能力，就不能光靠意志力成事。追蹤管理使用工具和活動，打造一個可以強化意志力的結構，在某些情況下甚至可以取代意志力。金牌泳將菲爾普斯拿到的金牌比任何奧運選手都多，我可以向你保證，即使是他也曾有不想去游泳池或上健身房的時候，但他還是去了。這是因為他的支持結構完善，使他走進游泳池比不去更容易做到。如果你想要成為一個傑出的人，你需要擁有他那樣的支持結構。如此一來，無論你在某一天的意志力是高是低，你都會執行計畫。

我有兩個好東西想要與你分享，它們將構成你的支持基礎。第一個是「週計畫」。

週計畫

　　週計畫是一種強大的工具，它將十二週計畫轉換成每日和每週的行動。週計畫是組織並集中你的一週的工具，是你每一週的行動方案。週計畫不是一份經過美化的待辦清單；相反的，它反映的是為了實現你的目標，當週需要執行的所有關鍵策略活動。

　　請記住，週計畫是你十二週計畫的衍生品，它不是你每週當下根據是否緊急制定出來的。恰恰相反，這份週計畫是由十二週中當週需要的策略組成，確保了只包含那些策略性和關鍵性的行動。由於週計畫是由十二週計畫所驅動的，而十二週計畫又與你的長期願景有所關連，因此你可以確定週計畫的行動是當週最重要的行動。如果這些策略都完成了，你這一週會表現得很好；如果沒做到，你等於損失了一週。每一週都過得如此清晰，你不僅會變得強大，而且將會改變你的一生。

　　圖 15.1 是放在 Achieve! 中的週計畫範例。在這個例子中，你可以看到每個目標都有說明，並有該週應完成的相關策略。我們強力建議你列印一份，並將這些關鍵活動列入日程。你可以用這份週計畫管理每一天，並確保這些項目在當週完成。

第六週計畫評分：0
目標 1：開發新業務，業績目標 300 萬
• 每週最少打 5 通電話給潛在客戶，且至少安排 3 場會談
• 每週最少安排 2 場初步會談
• 每週持續跟進潛在客戶，直到交易完成
• 在牆上畫出銷售追蹤圖，每週更新
目標 2：減重 4.5 公斤
• 每日的熱量攝取限制在 1,200 大卡內
• 每週至少做 3 次有氧運動，每次 20 分鐘
• 每天至少喝 6 杯水
• 每週做 3 次重量訓練
目標 3：改善我與太太卡蘿的關係
• 每週安排 1 次沒有孩子的約會之夜

圖 15.1　你的週計畫是有效執行的基礎，它記錄著你每週需要採取的行動，以達成你的十二週目標。

不要孤軍奮戰

　　追蹤管理的第二個要素是同儕的支持。2005 年 5 月，《快公司》（*Fast Company*）雜誌上登了一篇引人入勝的文章，標題為〈改變或死亡〉，文中提到針對重症病患的研究結果發現，即使這些人需要改變生活方式才能活下去，可悲的是，僅僅十二個月後，九成的病人又回到了原來的生活方式，幾乎可

說是走上確定死亡的道路。面對迫在眉睫的死亡威脅，絕大多數人仍然無法持續做出更有效益的選擇。

然而，有個小組的成功率比其他組要高得多，幾乎是別組的七倍之高——這些病人都參與了病友支持團體的聚會，他們的成功率接近80%；沒有參與病友支持團體小組，只有10%的成功率。這些統計數據讓我想起美國職籃北卡羅萊納州夏洛特黃蜂隊（Charlotte Hornets）的老闆喬治・辛恩（George Shinn）曾經說過：「沒有所謂全靠自己成功的人，只有在別人的幫助下，你才能達成目標。」參與病友支持團體的患者們會定期聚會，討論病情進展、掙扎和挑戰。透過彼此互相鼓勵，他們一般都能按照計畫堅持下去。這項研究告訴我們，如果你打算改變，切莫單獨行動。如果你能獲得同儕支持，成功的機會會提高七倍。

在過去十年來，我們與數千名客戶的合作中，也經歷了同樣的事。當客戶定期與一群同事碰面，他們的表現會更好；他們不這樣做時，表現就會受到影響。我們建議成立一個由兩到四人組成的小組，每週碰一次面，我們稱為「每週責任會議」（Weekly Accountability Meeting, WAM）。假設你已經讀過當責制的那章，你就知道這種會議不是為了讓大家互相**追究**責任，而是培養個人的責任心，繼而持續進行你的計畫。

每週責任會議是追蹤管理的關鍵要素，通常是在週一早上

舉行（在每個人都好好規劃他們的一週之後），歷時大約十五到三十分鐘，簡短的會議就已足夠。這不是一場懲罰性的會議，我們不會在這個會議上試圖找人為事情負責，並對那些表現不佳的人施以懲罰或口誅筆伐。每週責任會議是用來面對缺失、肯定進步、創造聚焦，並鼓勵行動。

如下所示，大多數的每週責任會議並不嚴格地遵循一套標準議程。只要你把重點放在執行，在適當的時候，都可隨意修改議程。

每週責任會議議程

1. **個人匯報**：每個成員說明他們如何追蹤自己的目標以及執行狀況。以下是需關注的四大面向：
   a. 到目前為止的「一年十二週」成果
   b. 每週執行力評量
   c. 未來一週的規劃
   d. 小組的回饋和建議
2. **成功的技巧**：既然身處小組，就要討論什麼是有效的運作，以及如何將這些技巧納入彼此的計畫中。
3. **鼓勵**

會議形式非常簡單，每個人都有幾分鐘時間向小組其他成

員報告。你要對到目前為止的成果發表意見。你是否按照計畫進行，是領先預計達成的目標，還是落後預定目標？接下來，你要告訴大家每週的執行力分數（你將在第十六章學會如何評量）。你還要說出本週與你的執行相關的意圖。最後，組員們會挑戰你、恭喜你，並且提供回饋和建議。在每個成員匯報完後，你可以發表一次簡短的談話，討論成員們正在做的工作哪些做得很好，還可以讓別人參考，用到自己的計畫和目標上。每週責任會議的最後會鼓勵組員們有個充實的一週。

我們的客戶蕾絲莉‧李連伯格（Lezlee Liljenberg）充分利用每週責任會議，重新設計了團隊日常工作的方式。下面是她的描述：

總的來說，執行十二週計畫使我們更清楚地認識到每一天都很重要！開始時，我們給每個員工分配了他們感興趣的領域，讓他們訂出一套在這個領域有所發展的行動計畫。每個十二週，我們都會對這些任務做一次評估，據此重新調整行動策略。

每週責任會議可能是我們最徹底執行的工作。當員工開始評估他們每週取得的成績，就會更清楚自己把時間花在哪裡。

我們決定與每個員工相處一天，關注的重點是他們的一天是怎麼過的，如此一來，就能夠確定他們把時間花在哪些地

方，以及如何花時間的。這也有助我們做出艱難的決定，放棄一些低效的任務。有些任務的投資報酬率低到不值得花時間投資。如果我們全組人員沒有每週聚在一起，檢查我們的進度，可能永遠不會發現這點。

擺脫年度化思維，使得我們明白需要盡快達成目標，每週責任會議則幫助我們做到這一點。

領導者有責任確保一年十二週按照計畫進行，並確保團隊不會冒險偏離願景和十二週計畫。我的建議是：開每週責任會議並堅持你的計畫，一年十二週就會奏效！

每週例行性工作

要實現十二週目標唯一的方法，就是每天按計畫採取行動。「週計畫」和「每週責任會議」是每週例行性工作的其中兩個，它們簡單且容易，可確保你每週執行計畫並完成目標。

每週例行性工作包含三個簡單卻有力的步驟：

1. 為每一週打分數
2. 規劃你的每一週
3. 開每週責任會議

Step 1　為每一週打分數

在第十六章中，你會看到一年十二週是如何透過每週評量卡，讓你有效評估自己的執行力。這套評估標準能有效量化你的成果，其威力比任何標準都還要大。你每週要花幾分鐘為自己的執行力打分數，這是每週例行性工作之一。你會在第十六章中學到如何計算這些數字的詳細內容，現在你只需知道它是你每週例行性工作的重要部分。

Step 2　規劃你的每一週

到目前為止，我們已經詳細討論過有一套週計畫並按計畫工作的重要性。如果你用的是我們的官方軟體 Achieve!，系統會自動在你的週計畫中填入當週應完成的策略；如果你用的是其他軟體，那麼你需要參考你的十二週計畫，找出本週預計達成的策略，並把它們放在你的週計畫中——無論是哪一種，都不要在沒有週計畫的情況下開啟新的一週。

每週你需要安排約十五分鐘打分數並規劃你的一週。我們有大約七成的客戶，在週一早上的第一件事就是這個任務，另外三成的客戶則在週五下午和週一上午之間的某個時段做這項工作。只要你每週能安排一個固定時間做這件事，什麼時候都無所謂。

Step 3 開每週責任會議

正如我之前說過的，當你定期與一小群夥伴見面，成功的機率會大增。列一張簡短名單，寫下你想要每週與之進行責任會議的對象。然後聯繫這些對象，訂下一個固定的見面日期和時間。同時決定你們是要面對面開會，還是透過電話開會，並要求每個成員將每週責任會議當作常態活動，加進行事曆中。

這三個簡單步驟形成了高績效系統的基礎。這幾個步驟很容易做到，但不做更容易。如果你真心想實現你的目標，就全心全意做好這些每週例行性工作。

轉換思維

人們常常自認知道自己需要做什麼，所以週計畫對他們的幫助不大。然而，根據大量的研究和我們與數千名客戶的合作經驗來看，事實並非如此。腦子裡的計畫不如紙上計畫來得有效。根據我們的經驗，執行書面週計畫的可能性，比腦中的計畫高出 60 到 80％。

把計畫寫在紙上，可以消除不確定性，建立透明度。對有些人來說，這種透明令人不舒服，還會產生各種無效的想法，例如：「我知道自己要做什麼，所以不需要把它寫下來。」或

12 週做完
一年工作

是「我需要有更多的彈性。寫下來只會限制我。」或者還有另外一種：「我好忙；沒有時間做。」這一切，都是為了逃避個人責任的藉口，讓你無法訂出一份清楚的書面計畫。

針對每週責任會議，有些人也有同樣的限制性思維，他們說：「我沒有時間參加」，或是「只有意志力不堅的人才需要那個」。這些想法和評論都是煙霧彈，暴露的是對透明度和當責制深層的恐懼。

別搞錯了，如果你按照書面的週計畫工作，並定期開會，你將會更加成功。別搞錯了，如果你按照書面的週計畫工作，並定期與一群夥伴聚會，你會更成功！不要自欺欺人；你和其他人沒有什麼不同。為了充分利用你的時間與人生，你要將自己的想法與每週例行性工作的好處結合起來。

團隊應用

一年十二週是一場文化上的變革，也是一種新的運作方式。美國企業家李‧艾柯卡（Lee Iacocca）說過，「領導者的速度就是整個團隊的速度。」身為團隊的領導者，最終你會透過談話、行動和重心來塑造你的組織文化。為了讓組織成功採用它作為作業系統，並且得到你想要的結果，你需要積極支持此一理念。

由於企業文化很大程度反映了領導者，所以你的團隊是否採用並支持一年十二週計畫，你的行動是最重要的因素。你的首要任務是塑造出團隊的理想行為模式，因此就從你使用每週例行性工作、進行每週評量與計畫，以及參加每週責任會議開始。

　　下一步，你要一個個檢視夥伴的習慣，他們是否每週都交出計畫？是否每週評量？是否積極參加每週的責任會議？你的員工有時會陷入困境，這時候他們通常會停止計畫、不再評量、退出每週的責任會議。然而，讓他們持續參與十二週至關重要。遇到這種時候，他們需要你的領導和鼓勵，才會繼續參與。你需要每個月至少安排一次一對一的輔導會議，並在會議上檢視他們的週計畫和週評量卡。

　　偶爾，你可能需要旁聽他們的每週責任會議，提供一些輔導和鼓勵。請提供正面的鼓勵，認可並且慶祝過去一週的成功，並持續關注他們的執行力。

☹ 陷阱

別讓這些常見的陷阱奪走你的成就。

1 | 你沒有訂好每週計畫

快速開始一週可以幫你創造動力,提高一整週的生產力。週一這天往往充滿了壓力,才剛開始沒多久,我們已經覺得進度落後了。通常在一週的開始,我們很容易一頭栽入電子郵件、電話等種種可能等著我們去做的事情裡。除了一頭栽入當週的工作中,其他事情也會妨礙我們做週計畫,比如消極的心態。你有過下面任何一個想法嗎?

- 「你沒時間做」:你覺得自己實在是太忙了,以後你再做,但是「以後」永遠不會來。

- 「你不需要它」:誤導你的是這個想法:你是例外,不需要一份週計畫。瞧瞧時間過得多快!

- 「你不屑用」:你認為週計畫是給初學者用的,像你這樣的人是不需要的。

- 「你早就知道了」:你認為已經知道自己需要做什麼,所以把它寫下來或規劃,沒有什麼幫助。

- 「你不想負起責任」:對某些人來說,照每週計畫工作會令他們產生一定程度的不舒服,原因出在只要他沒有做到自己該做的事,這份計畫就會不斷地提醒他們這一點。

2 ｜你選擇了太多的任務

　　週計畫並不是將你所做的一切都納入其中，而是只納入十二週計畫中的策略項目。你應該將表格分開，單獨列一張待辦事項和回電清單。不要把你一天之中所做的低層次活動全部放入計畫中，這只會稀釋你的計畫。每週計畫應僅僅保留策略項目和承諾。

3 ｜你以為每週都是一樣的

　　許多人犯的另一個錯誤是假設每週的活動都是一樣的，所以他們定了一個週計畫，然後每週複製貼上。的確，你很可能有好幾個禮拜的活動看起來都很相似，但是不可能十二週完全相同。即使你是統計學上的例外，花個五到十分鐘的時間安排未來一週的活動，利大於弊。

4 ｜每週你都新增策略

　　請記住，週計畫基本上是十二週計畫的十二分之一。你偶爾可能在週計畫中增添一個策略，但是這種事不該經常發生。絕大多數的新策略首先應該放入十二週計畫中，然後才放到週計畫中。留意這點，可以防止你陷入緊急卻不見得有效的活動中。

5 ｜你沒有用它引導自己的每一天

一旦訂好每週計畫，你要每天使用它，追蹤執行的進度和完成度。每天早上第一件事就是檢查你的週計畫，一天中查看一到兩次，在你回家之前也要檢查一次。當你學會按照週計畫來規劃日常活動，就會開始體驗到真正突破性的表現。

6 ｜你沒有把它融入到你的日常

我們每個人都有一套日常慣例。日常慣例是持續成功的重要因素之一。現在就下定決心，將每週的例行性工作納入其中。

16
評量

執行十二週計畫時，「評量」是推動你持續執行的動力，是你與現實之間的試金石。有效的評量必須結合「領先指標」和「落後指標」，方能提供明智決策所需的全面性回饋，它是一個回饋迴路，讓你知道自己的行動是否有效。

以下是亞當・布萊克（Adam Black）關於簡單的日常評量系統，可以對成果產生多大影響的討論：

2011 年底，有一位事業夥伴向我推薦「一年十二週」計畫。時機點正好。我將這本書讀過幾遍之後，知道這套系統非常適合我，毋庸置疑。

我是典型的 A 型人格，個性努力進取，積極主動，但是有時候會忽略一些小細節。有了一年十二週，我就能放慢自己的腳步，有條不紊地規劃想在十二週之內實現的目標，最終達成我的長期目標。我發現十二週的美妙之處，在於可以根據自己的執行力數據趨勢，調整我的十二週計畫。

　　為了幫助自己專注於創造最高價值的任務，我建立一份簡單的十二週行事曆，當作我追蹤進度的視覺化工具。這份行事曆每日都會追蹤我的「領先指標」和「落後指標」。現在每天晚上回家時，我很清楚自己在十二週計畫的位置。

　　我將這些每日指標與我的十二週目標對照，根據我所設定的金額和數量，結果看到自己在 2012 年的業績數量和金額提升了 65％！由於採用一年十二週，我也達到了公司的標準，符合最佳員工的條件，獲得公司的獎勵：一趟 2013 年的度假之旅。

　　如果說一年十二週徹底改變了我的職業生活，都還太輕描淡寫了。有了「一年十二週」，我更容易達成自己的目標了，再也不用到了年底才急著衝業績、求達標。它真的豐富了我的人生，讓我能實現自己的目標，養家糊口，還能在工作之外，花更多時間去做自己喜歡的事。

誠如亞當的發現，評量不一定要複雜，但是一定要及時。

正如我們在第六章中所討論的，最好的評量系統要有領先指標和落後指標。落後指標反映的是最終結果，因此事實上，十二週目標是你的落後指標底線。如果你正在追蹤自己的目標進度，你所追蹤的其實就是落後指標。

領先指標通常發生在執行的前期。領先指標會推動落後指標。大多數人都很善於追蹤落後指標，但是領先指標之中，往往擁有最大的成長機會。

你為目標設定的領先指標是什麼？比方說，你想減掉體重4.5 公斤，由於它是十二週的最終結果，所以減重 4.5 公斤是一個「落後指標」。理想的領先指標可能是你每天或每週攝取的熱量。另一個指標可能是你每週運動的次數，如慢跑里程數、游泳來回趟數、滑步機上的分鐘數等，懂了吧。無論你決定用什麼指標去評量，一定要追蹤並記錄你在這十二週之內每週的進展！

一般來說，評量的頻率越高就越有用。例如，每季評量通常比每年評量好。經過整整十二個月，年度評量只能提供一次回饋，如果你試圖改善一件事，但你一年只評量一次，就等於一整年裡沒有能確認自己行動是否有效的回饋。同樣的，每月評量又比每季評量好，它們提供的回饋更頻繁。每週評量又比每月評量好，而每日評量又往往比每週評量更好。

我們利用一年十二週幫助你訂出十二週的目標，如此一來，在十二週之內至少你有一個評估成功與否的標準。即便如此，確定一套能每月、每週或每天追蹤的領先指標，對你來說會很有幫助。

到了這時，你可能已經訂好了十二週目標，也擬好了十二週計畫，所以現在是時候，該為每個目標建立一組領先和落後指標了。如果你還沒有訂好目標、擬好計畫，等你完成以上步驟之後，再回來做這個練習。

▶ **十二週目標 #1：**＿＿＿＿＿＿＿＿＿＿＿＿＿＿＿＿＿

領先和落後指標：

▶ 十二週目標 #2：_____

領先和落後指標：

▶ 十二週目標 #3：_____

領先和落後指標：

請務必每週追蹤這些指標，無論使用 Excel、Word，或是我們的 Achieve! 幫助你記錄和監測進度。

正如我們在本書的第一部討論過的，最有效的領先指標是你每週的執行力評分。評量執行力是很重要的一件事。我們發現如果每週能達標 85％以上，將大大提高你完成十二週目標的機率。

不論你是使用線上軟體或我們的表格，還是空白便條本，每週花一點時間評量你的執行力是非常重要的一步。圖 16.1 是在 Achieve! 上的每週評量卡範例。

不論你使用哪一種方法，都會發現每週評量的是你所規劃的策略執行狀況，而不是結果。不管結果如何，你只需勾選或計算出上週完成的策略數。

回到我的例子，我的目標是在這十二週之內減掉 4.5 公斤的體重。在我的計畫裡面，包含以下策略：

- 每週至少做三次有氧運動，每次二十分鐘。
- 每週做三次重量訓練。
- 每天至少喝六杯水。
- 每日的熱量攝取限制在 1,200 大卡內。

第五週成就檢核表
目標：開發新業務，業績目標 300 萬
☑ ~~每週最少打 5 通電話給潛在客戶，且至少安排 3 場會談~~
☑ ~~每週最少安排 2 場初步會談~~
☑ ~~每週持續跟進潛在客戶，直到交易完成~~
☐ 在牆上畫出銷售追蹤圖，每週更新
目標 2：減重 4.5 公斤
☑ ~~每日的熱量攝取限制在 1,200 大卡內~~
☑ ~~每週至少做 3 次有氧運動，每次 20 分鐘~~
☑ ~~每天至少喝 6 杯水~~
☐ 每週做 3 次重量訓練
目標 3：改善我與太太卡蘿的關係
☑ ~~每週安排 1 次沒有孩子的約會之夜~~

圖 15.1　每週評量卡顯示的是你上週完成的策略百分比，平均得分在 85% 以上，就能大大提高你實現十二週目標的機率。

　　我每週都會量體重並記錄，這是評量系統的一部分。不過我的體重是落後指標，所以我還是要為自己的執行力打分數。在這個例子裡，我會確認完成的策略數量，作為評量執行率的百分比。我通常使用 Achieve!，它會自動幫我統計。因此，如果我完成四項策略中的三項，我每週的執行力評分就是 75%。

結果的評量和執行力的評量是分開的。在我的例子中，我這週可能減了一公斤，但是執行效率仍然只有 75％。由於目前進度落後，因此我想密切關注這兩項指標，即使我減掉一公斤，但是從執行的角度來看，我本週的表現並不理想。這份評量告訴我，除非下週我的執行力更好，否則我的減重將會停滯不前。

轉換思維

對大多數人來說，這是一項重大的思維轉變。這個思維轉變有兩個層次，其一，接受評量，而不是像平常一樣避之唯恐不及。是的，評量是冷酷、無情，甚至是苛刻的，它不關心努力，也不考慮干擾或分心的誘因，或是你能找到的任何藉口。但是歸根結柢，評量是有用的，也是必要的。沒有評量，就無法清楚知道你是否有所進展；沒有評量，就無法知道如何調整，才會有所成效；沒有評量，你幾乎不可能達成目標。

其二，關注行動多過關注結果。請記住，你對自身行動的掌控力比對結果的掌控要大。你的行動將驅動出結果。週計畫和週評量卡側重的是你的行動。為了實現目標，評量卡評估的標準是你是否做了最關鍵的事。因此，你的週評量卡是最能準確預測你的未來的水晶球。如果你每一天、每一週都能忠實地

完成關鍵行動，成功就是會來。所以，這個過程看的不是最終結果，而是每天的日常行動。這就是評量卡只評估你的執行力，而不是評估結果的原因。

團隊應用

身為管理者或領導者的你如何看待評量、如何投入其中，最終將會影響團隊的生產力與成果。有太多管理者誤以為評量就是當責，然而這種心態會阻礙你的高績效。當領導者抱著這種想法做評量，往往導致下屬對評量產生負面的看法。換句話說。領導者一旦將評量視為當責，就會使用評量和未達標的成果來問責。在這種環境下，下屬和夥伴之間很快就學會要迴避評量，以及迴避領導者。

你用評量激起負面想法越多，你所帶領的團隊越會設法逃避評量，甚至公開抵制評量。再次強調，評量不是當責，它只是提供回饋。你要將評量當作是回饋機制，用來找出缺失、進展和成功之處，才能夠更有效地使用評量。透過評量使你能夠正視事實與缺失，不致於受到隨負面想法而來的反擊和連帶的傷害。

最理想的情況下，我們都希望每個人都能夠自我評量。如果他們都仰賴你去追蹤和計算他們的關鍵指標，這通常表示他

們對自己的目標缺乏自主意識。想想看吧，如果你一心一意想要實現自己的目標，有一股強烈的願望要達成目標，你不會追蹤自己的進展嗎？當同事們都能評量並追蹤自己的指標時，你就知道他們是有意識地去做這件事。

當你的團隊採用了「一年十二週」，你需要確認每個人都建立一套關鍵評估指標：他們承諾會去追蹤的「領先指標」和「落後指標」。評估追蹤不需要列出一張長長的清單，只要幾項評估標準，為個人提供有意義的回饋即可。

此外，既然你的團隊採用一年十二週這套系統，這下你就有了指導他們的依據。透過一年十二週這套系統，你能夠更有效地指導員工，以取得更高的績效和更穩定的成果。其中一項工具是每週評量卡。你身為一名管理者，需要檢查下屬們每週的評量狀況。即使不知道個人計畫的具體內容，我也可以從每週的評量判斷他們完成目標的可能性有多大。從詢問他們每週的分數，你馬上可以知道一個人的狀態。無論是哪一週，如果有人分數低於 60％，就表示他可能需要一點幫助。一個數字並不能決定一個十二週的成敗，但它肯定是一個警訊，顯示這個人如果想要達成目標，就需要某種程度的外力介入。

☹ 陷阱

一旦確定你的指標，就要每週進行追蹤，這裡提供幾個你可以避開的陷阱，以及讓指標為你所用的技巧。

1 │ 你覺得評量很複雜或是不重要

太多人以「我不懂數字」為藉口，逃避評量。別成為這種人。如果你要想要發揮最佳狀態，實現你的目標，就需要評量。

2 │ 你沒有每週安排一個固定時間做評量

每週訂出一個時間，可以是在每週結束的時候，也可以當作週一早上的第一件事，把這段時間預留起來，用來為自己的執行狀況打分數、追蹤指標，並為即將到來的一週做規劃。對大多數人來說，只要十到十五分鐘就夠了。

3 │ 一旦評分不理想，就放棄繼續評量

人們往往只要一連兩週表現不好，就會放棄這套系統，不再評量。要有勇氣每週做評量，即使有一週表現不理想，也不要退縮。

☺ 祕訣

1 ｜ 找朋友或夥伴們一起檢討每週分數

研究顯示，當人們善用團隊的力量，計畫的完成率會大大增加。可參見第十五章中關於每週責任會議的部分。

2 ｜ 對自己承諾每週都要進步

也許你在一週之內很難將執行力從 45％提高到 85％，但是提高到 55％或 60％是可行的。專注於每週都提高執行力。分數持續提高是正面的訊號，也是成功的徵兆。

3 ｜ 即使每週評分低於 85％，不見得是壞事

即使評分得到 65％，過去這十二週你仍可能有進步。即使只完成 65％的項目，你也會發現自己的表現有所提升。你該問自己的是：「分數 65％足以讓我完成十二週目標嗎？」

4 ｜ 不要害怕面對數字背後的事實

如果不願意正視事實，那麼你將永遠無法改變現實。追蹤領先指標時，你的執行系統將會幫你找出表現失常的根本原因。一旦成效不彰，你得知道是你的執行力不足，還是計畫內容有缺失。這兩者之間有著巨大的差異，唯一能夠確定的方法，就是同時評量你的成果和執行力。

17
重新掌握一天

我們的客戶在解釋自己為什麼無法實現更多本應達到的目標時，經常提到一個障礙，就是時間不夠。這個原因實在太過普遍，聽起來似乎相當真實，其實它往往只是一個煙幕，掩飾了真正的障礙。事實上，阻礙你出類拔萃的原因，往往不是時間不夠，而是你分配時間的方式出了錯。我知道這話聽起來像是詭辯，但這兩者的區分非常重要。

這裡有一則令人鼓舞的故事，說明安妮特·巴蒂斯塔（Annette Batista）是如何利用時間塊妥善安排所有自己該做的事，而且在最重要的事情上表現出色。

自從第一次讀到《十二週做完一年工作》以來，時間已經

過去近兩年。我如饑似渴地閱讀這本書，不僅將其中的紀律用在我的家庭事業中，也用在個人和職業層面上。

我的十二週目標是每十二週都能保持進展，爭取「年度最佳表現員工」的獎項，同時讓我的孩子開始在家自學。為了做到這點，我知道自己需要一份規劃良好的計畫。

我是一名外展輔導員，工作內容是向客戶介紹醫療福利，協助他們為自己和（或）子女選擇醫療保險方案與醫生，以及為子女們選擇牙科保險方案與牙醫。為了實現我的目標，每個月我必須打 650 通電話，做 100 次的家庭訪問。我還必須到各個地方單位去做簡報，參加保健博覽會和社區會議，每個月至少做 15 次的社區聯絡，其中有八次是實體會議。我的工作範圍橫跨兩個縣的六個區。

我擔心自己要如何做好這一切工作。我每天能做什麼，才能讓自己穩扎穩打、持之以恆地達成目標？我的職業對我的要求很高，同時報酬也很高。我既為人妻、為人母，還為人祖母。為了實現我想做的一切，有意識地管理計畫就是很關鍵的一點。

利用時間塊有效地幫我實現自己的目標。每天早上我會使用緩衝時間塊，通常是在早上七點半到八點半這一小時裡，檢查我的電子郵件，發一兩句打氣的話給我的同事，然後按照事情重要的先後順序安排我的聯絡名單。

然後，進入我每天安排好要執行關鍵活動的時間塊。在接下來的四個小時裡，從上午八點半至中午十二點半，我不是做電訪，就是進行家訪。我在這些時間塊裡做那些最耗費精力的工作。

　　我的時間塊管理做得非常好，因此到了星期二，應該開始打電話給每日清單上的聯絡人時，我早已完成這部分的工作。每個月，我通常會提前一到兩週完成每週安排的電訪名單。

　　接下來是我的抽離時間塊。每天吃過午飯，我就開始家庭自學輔導，這會整整占掉我三個小時。教學讓我得以暫時離開我的工作。我喜歡教學，我兒子則樂在學習。我們學習各種科目，包括聖經、語言藝術、科學、數學、歷史和地理。我們的學習時間提供了很棒的契機，讓我得以選擇不同的選項，所以這段時間既不平淡，也不無趣。

　　結束孩子的自學輔導後，在下班之前還有一個緩衝時間塊，我會打幾通電話，輸入當天完成的工作數據，並在這天結束之前最後一次檢查電子郵件，確保沒有將什麼重要的事情留到明天。

　　利用一年十二週的時間塊，我得以持續提前完成工作進度。有時候，我的進度甚至可以提前兩週。當我休完假回來工作時，不會有「待辦」或未完成的事情等著我去做，所以我能夠充分享受每一次的假期。

我的計畫我完全自主，而我選擇出類拔萃。我的選擇贏得了經理和主管，還有同事、家人和朋友的尊重。

　　最後我想說的是，我不僅實現自己的目標，贏得 2011 年度外展輔導員獎，隔年又再次拿下這個獎，這可是前所未有的紀錄。在個人生活上，我的丈夫和我將這套系統用在我們的財務上，決心在明年十二月之前擺脫我們的債務（不含抵押貸款）。這目標通常需要一年半到三年才能達成，順利的話，我們將在一年之內達成。

　　有效利用時間，可能是表現平庸和表現出色之間最大的差別。問題在於，每一天都充滿了許多令人分心的誘因和干擾。微軟研究院（Microsoft Research）的艾瑞克・霍維茨（Eric Horvitz）和伊利諾伊大學的沙姆西・伊克巴爾（Shamsi Iqbal）的一項研究發現，一旦被電子郵件或即時通訊等事務分散注意力，普通的微軟員工平均需要十五分鐘，才能重新專注於他們原先的工作上。

　　此外，巴克斯商業研究機構（Basex）於 2005 年發表一份時間使用研究報告，指出：一天之中，一般工作者平均有 28％的時間，化在被打斷後的重拾工作上。這相當於每週四十個小時的上班時間中，約有十一個小時的注意力是分散的！

　　你使用時間的方式，最終會塑造你的人生。不論是在政

治、文化、藝術、科學、宗教，還是所能想到的任何一個領域，史上曾出現的偉大人物，他們每天擁有的時間都不比你多。他們使用自己時間的**方式**，才是重點。問題出在你每時每刻的選擇上。

通常，大多數人會選擇增加短期利益，同時減少短期成本的事情。2011 年，美國人平均每天花 2.8 小時看電視，相當於占去我們 12％的人生，而這個數字還不包括花在智慧型手機和平板電腦等娛樂 3C 產品上的時間。我們看電視常是為了逃避現實和放鬆身心，因為它簡單到除了切換頻道之外，我們不需要做任何事。電視在某方面來說對我們可能有益，但是它無法幫助我們活出有意義的人生。

有時候，你做的不是那些窩在沙發上看電視這類明顯低價值的活動，你看起來可能很忙碌，但實際上你是在選擇避免去做更重要，甚至是難度更高的活動。在生活中隨處可見這種傾向，例如回覆電子郵件和訊息等，而不是去做高難度但也高報酬的活動，例如業務開發、運動和處理人際關係難題等等。

在閒暇時間做些讓你身心舒適的事，只要適度，無疑是健康的，但是當我們始終選擇舒適，就注定了人生將遠遠達不到我們本該能達到的高度。最終，我們花費過多的時間去追求最大的舒適，最終只會得到不可避免的延誤成本和未能實現的成就。正如作家羅伯特・路易斯・史蒂文生（Robert Louis

Stevenson）曾說過：「最終，每個人都會坐下來，面對後果的盛宴。」

為了身材變好，需要讓自己不適；要賺到可觀的收入，需要讓自己不適，想要在任何一件事上表現傑出，都需要付出代價。為了實現你想要的，需要有所犧牲。而你需要犧牲的第一件事，就是舒適。

要成為一個傑出的人，你必須將自己的時間分配給最佳的機會，你必須把時間花在能帶來最大回報的困難事情上。要成為一個傑出的人，你需要有意識地去生活。你要清楚什麼是最重要的，然後要鼓起勇氣對讓你分心的事情說不。你需要認真檢視自己的時間，盡可能將非你所長之處，或是無法幫助你達到目標的一切，外包出去或是刪除。

多年來，你已經發展和磨練出自己的才能，所以一定擁有某些優勢和劣勢。結合你的優勢和劣勢，將影響你實現成就的能力。

許多人花費大量的時間和精力，試圖消除自己的劣勢。一般來說，努力消除劣勢是值得的，也是高尚的舉動。每個人都有弱點，我們的確需要改善弱點才會有所成就。然而，劣勢很難變成優勢。如果你所扮演的角色無法發揮或放大你的優勢，那可能就是站錯了位置。

事實上，專注於你的**優勢**，才能產生最大的成就。成功的

人在工作中發揮自己的長處；真正表現傑出的人則更進一步，發揮所謂的**專長**。專長是指一、兩件絕對是你做得最好的事，通常也是你喜歡做的事。無論你是否知道，專長是促成你一生中最大成就和喜悅的原因。

為了做到最好，你必須有意識地調整自己的時間和活動，並結合優勢和專長。一旦做到了，你將會感受到不斷提高的績效和全新的滿意度。

要達到這樣的表現水準，你需要擠出時間去做那些重要但不一定緊急的策略性行動。策略性活動通常不會看到立即性的回報，但會在未來帶來可觀的報酬。為了專注在自己的優勢，你需要管理自己所有的干擾，將低報酬的活動維持在最低限度。

績效時間

「高效使用時間」是一年十二週系統中的五大紀律之一。高效使用時間與其他四項要素「願景、規劃、追蹤管理和評量」結合起來，就成了一年十二週這套執行系統的一部分。

我們人生所能成就的一切都在時間的框架裡。唯有花時間去做重要的事，才能做成大事。成功的基石之一，就在於你有辦法把時間花在最重要的事情上。

「績效時間」是一套易於使用的時間塊工具，透過有意識

地運用你最寶貴的資產——也就是時間——讓你像企業的CEO一樣管理自己的人生和事業。你對績效時間的承諾和運用能力，體現了你的個人領導力。如果你在生活上能有意識地善用時間，成為更有效率的領導者，也會更快建立起事業和個人成就。

正如在第七章中討論的，構成了高效使用時間的基礎有三個：策略時間塊、緩衝時間塊和抽離時間塊。每一個時間塊都是要幫助你更有效地完成關鍵活動。

策略時間塊的時長為三小時，應該安排在一週的前幾天，以防萬一被打斷或取消了，你才有時間重新安排。策略時間塊是**安排**工作，而不是用來工作的時間，並且還要安排在你業務活動最少的時候。通常每週一個策略時間塊就夠了。

緩衝時間塊是設計來處理較低層次的活動，通常時長為三十分鐘到一個小時，每天可以安排一到兩個緩衝時間塊。緩衝時間塊的實際時間端看你需要處理的行政雜務（如電子郵件、電話、其他干擾等）數量而定。

抽離時間塊是用來避免倦怠，並且創造更多的自由時間。抽離時間塊的時間長度為三個小時，且每週應該安排一次，但是應該在一年十二週系統可以順利運行之後再開始安排。我們的建議是在一切奏效，並且你執行良好之前，每個月只宜安排一次。

除了這三個時間塊之外，你還需要安排一些時間塊來做其他重要活動。

高效週模板

為了有效分配你的時間，描繪出高效的具體樣貌，建立「高效週模板」是很有用的方法。在接下來的練習中，我們會利用時間塊管理安排關鍵活動，設計出最高效一週的模板。透過這個方法分配時間，會幫助你得到想要的成就。首先，設計出能讓你發揮最大效率的一週，然後開始調整實際的行事曆，使之與高效週的模板相符。

這個模板並不是要設法**除去**低價值的活動，那樣做的效果不太好；相反的，你每週必須要擠出時間來專注於做高價值、高回報的活動。如果你有一個十二週計畫，這些高報酬的活動就是首選。

寫下你的時間塊，從策略時間塊開始，接著是緩衝時間塊，最後才是抽離時間塊。然後，再把每週需要的其他重要活動填進去。

我們開始吧。使用圖 17.1，照著以下五個步驟規劃：

1. 週一早上的第一件事就是抽出十五分鐘的時間，檢討上週的狀況，並且規劃本週。

2. 安排三個小時的「策略時間塊」。

3. 週一至週五時，每天安排一到兩個「緩衝時間塊」，通常是早上一個，下班前再一個（例如，上午 11 點到 12 點和下午 4 點到 5 點）。記住，緩衝時間塊的長短會因個人和行政工作量而異。

4. 安排一個「抽離時間塊」。

5. 將其他重要的活動都排進去。

   a. 與客戶和潛在客戶約會面

   b. 每日立會 [8]

   c. 行銷和銷售

   d. 規劃

   e. 必要的行政和業務工作

   f. 客戶會議和客戶服務的準備工作

   g. 專案

   h. 轉介午餐之約

   i. 一對一的輔導會議

   j. 個人任務

8　指每日的短期會議，參與者會以站姿開會。

日期／時間	週日	週一	週二	週三	週四	週五	週六
7:00 am							
8:00 am							
9:00 am							
10:00 am							
11:00 am							
12:00 pm							
1:00 pm							
2:00 pm							
3:00 pm							
4:00 pm							
5:00 pm							
6:00 pm							
7:00 pm							

圖 17.1 高效週模板

　　最初，你可能會覺得一週的時間看起來所剩無幾。這可能是事實，但是如果你好好執行，就會注意到這份模板裡納入了所有關鍵活動和重要活動。你排進去的工作事項，都能幫助你實現願景以及提升事業層次。在嘗試執行之前，先在紙上建構

出可行的一週，是非常重要的小技巧。如果連在紙上你都無法讓它運作，實際做起來更不可能發揮作用。

最終，所有的事情都發生在時間的框架之中。如果你不能掌控自己的時間，就無法控制自己的成果。而個人效能關乎的是你的意圖。

時間塊內容

接下來是我們建議安排的策略時間塊和緩衝時間塊項目，以下的列表可以讓你更有效利用這些關鍵時間塊。

策略時間塊，建議時長：三小時

- **重新與願景建立連結**：用五到十分鐘回顧願景並評估進展。你是否在進步？是否有所進展？你和願景之間的連結是否仍然存在？

- **回顧十二週計畫**：用十到十五分鐘檢討追蹤的指標。根據設定的目標檢查你的成果，檢視你每週的執行力得分，還有領先指標和落後指標。你的執行率夠不夠高？是否有具體成果？如果答案是否，本週你可以做些什麼來改善？

- **評估績效問題**：用十到二十分鐘檢查計畫執行過程中

是否有問題？如果有問題，根本原因是什麼？是否需要調整計畫，或是需要執行的更徹底？

- **改善計畫策略**：用兩到兩個半小時完成規劃十二週的策略。
- **其他項目**：例如讀一本書、參加線上課程、制訂下一個十二週計畫（通常是在第十二或第十三週做這件事）。

緩衝時間塊，建議時長：三十至六十分鐘

- 檢視及回覆電子郵件。
- 聽語音電話，視需要回覆。
- 撥打必要的電話。
- 追蹤待辦事項。
- 與員工開幾個小會，快速解決問題或確定後續做法。
- 整理並建檔未完成和已完成的工作。
- 確認新的待辦事項並記錄下來。

以上都是範例，請留意策略時間塊和緩衝時間塊的項目差別。策略時間塊是保留給關鍵、高報酬的活動，而緩衝時間塊則是用來處理低層次、繁忙的工作。

績效時間是一套獨特的系統，是用來將你的時間劃分成一

塊塊，並分配給最重要的事情。如果你能夠持續完成更多人生和事業上的關鍵項目，你會有什麼變化？十二週之後你會是什麼樣子？三年後呢？

通常，這些觀念只要執行一週，你就會開始看到成效，並且開始覺得比以前更能掌握自己的時間。

轉換思維

考慮到時間的價值和有限，我們都希望能有效利用時間，但有趣的是，幾乎所有人都很難做到。有許多與我們合作的客戶，在賺取收益的自然欲望驅使下，一有機會就會毫不猶豫地放棄原先計畫好的時間表，去滿足潛在客戶和現有客戶的要求。這件事反覆發生，他們卻沒有考慮到對自身職涯的長遠影響。事實上，你把原本可以創造自己未來的時間，卻花在成就別人的未來之上。

歸根結柢，我們有許多客戶重視別人的時間勝過自己的時間。想要有所突破，最起碼要把自己的時間和別人的時間看得同樣重要才行。唯有如此，你才能發展自己的事業，有趣的是，當你先成就自己，也能將你的工作做得更好、對客戶更有助益。

還有一個想法也會阻礙你有效執行與更有效的利用時間，

那就是「你可以把所有事情做完」。如果你認為只要做得夠快、夠努力，或者時間夠多，就能夠做完所有事，那麼你將會面對一個不愉快的事實。幾年前有份研究發現，一般上班族不管在任何時候，都有大約四十個小時的待辦工作項目。

你要認清一個簡單的事實：你不可能把所有的事情都做完，否則你會在錯誤的信念下繼續賣命工作，以為你終究會趕上進度，**總有一天**會完成那些重要的事。然後，你繼續把所有時間花在日復一日的緊急活動上，卻將能創造突破口並實現願景的策略往後推遲。

如果你經常推遲策略性的活動，反而去完成迫切但低價值的活動，你將永遠無法有所成就。如果你以為先把急事做完，最後總能輪到重要的事情，很可能就永遠不會去做那些策略性的活動了。「從明天、下星期或下個月，我會開始實現理想的人生」的這種想法是致命的錯誤。你所能擁有的未來，就是此時此刻、你正在創造的當下。

有所進步，並不意味著循序漸進。你需要徹底改變工作的方式，才能取得突破性成果。對有些人來說，突破性成果可能指收入增加 20％；對有些人來說，可能意味著業務量翻倍；對另一些人來說，可能是指收入保持不變的情況下，增加休息的時間。無論哪一種情況，突破舒適圈的前提來自你願意改變分配時間的方式。

這幾種提升表現的情況，可能相當令人嚮往，但是如果你的執行系統已經接近自己的極限，可能會覺得在現有的一週裡，實在沒有足夠的時間來取得突破性的成果。我們的客戶經常認為別人有可能創造更高的業績，但自己卻是那個不可能的人。很多時候，他們覺得自己已經很努力工作了，一想到還要更努力才能賺到更多的錢，實在是沒什麼吸引力。他們甚至可能恐懼成功，這種恐懼說著：「為了更成功而需要付出更多努力，現在的我實在無法應付。」

為了賺到更多的錢，你必須相對努力工作，這似乎是常識，但是正是它限制了你本應能實現的成就。想一想，每年賺一百萬的人不會比掙十萬的人還要辛苦十倍——尤其，有時前者做的工作更少，因為他們的工作方式**截然不同**。

結論是，如果你不願意改變目前的時間分配方式，就不會有所突破。為了得到不同的結果，就必須用不同的方法去做，而且要做不同的事。

不要讓例行方法模糊了概念。為了發揮最好的自己，你需要有做策略性工作的時間、有效處理低報酬活動的時間，以及用來恢復精神和活力的時間，解方就是「績效時間」。

團隊應用

身為管理者，你的溝通能力與行為會影響團隊的文化。如果你想發揮正面影響力，言行一致就很重要。

如果你希望團隊成員更用心對待自己的時間，就需要以身作則。你可以擬出一個高效週模板，將績效時間的三種關鍵時間塊和其他策略，如團隊會議和一對一的輔導納入其中，然後承諾每週執行。

採用績效時間，能為你和你的團隊帶來好處。當你是有意識地在運用時間，你的團隊也會明白，能讓他們跟隨你這麼做。此外，如果你每天都安排了緩衝時間塊，團隊成員們會知道在他們需要時，有一個固定時間可以找到你，取得你的關注。

有位金融服務業的客戶發現自己採用績效時間後，將緩衝時間塊固定安排在每天同一時段，竟然改善了與團隊夥伴的工作效率。現在他每天只留一個小時，用來解決臨時緊急的問題、與團隊開會，其餘時間都用來執行自己的計畫。從表面上來看，這似乎違反直覺，但他和團隊成員都發現這樣的改變好處多多：成員們現在每天都有一個固定時間能找到他，再也不需要追著他跑，不知道他是否有時間討論。儘管會面的時間每天限制在一個小時內，但他的團隊明確知道何時何地可以找到

他，會議品質更好了。

第三個好處是，當你採用績效時間，也會變得更有底氣，有資格和經驗幫助團隊成員們運用這套系統。

除了建立高效週模板，你還可以在團隊成員使用這個系統時，尊重他們的規劃。一旦遇到他們的策略時間塊，就晚點再找他們過來，並且下次避開這個時間，盡量在一開始就不要打擾他們。

你和團隊所完成的一切都發生在時間的框架之下，所以帶著更明確的意圖去使用時間吧！

☹ 陷阱

1 | 你做事的方法一如往常

　　如果你繼續按過去的舊習慣做事，不會有任何改變。舊的做法讓人感覺舒服，運作起來毫不費力，所以你很容易重蹈過去的舊習慣和舊結果。但為了產出新的結果，你必須克服恐懼、不確定性和不適，才能養成更有成效的新習慣。

2 | 在策略時間塊裡，你沒有「一次只專注一件事」

　　很多人將多工處理能力視為一種優勢，但事實是多工反而會降低整體生產力和成果。根據密西根大學大腦、認知與行動實驗室主任大衛‧E‧梅耶（David E. Meyer）的說法，多工非但不能提高效率，反而還會減慢速度，並且增加犯錯的機率。當你的大腦推遲主任務，接下一件新任務，就會讓完成主任務的時間平均增加 25%。

3 | 你允許自己的注意力被分散

　　在現代世界，科技可能是分心的主要誘因。每一天分散注意力和逃避的機會越來越多。如果你允許智慧手機、社群媒體和網際網路，讓你從高價值的活動中分神，將無法完成你的目標。我們天生喜歡舒適圈，但如果沒有有意識地使用時間，就無法充分發揮你的才能。因此，當你該做重要的工作時，應該讓自己遠離這些分心的事物。

4 | 你以為「忙碌等於高效」

你可以整天忙個不停，回覆電子郵件、語音郵件、訊息和行政事務等，但是這些事情往往不會為你的人生加分。沒錯，你是很忙，但有生產力？未必。關鍵是那些重要活動，並且確保做任何事之前，先做重要的事。

☺ 祕訣

1 | 按書面的週計畫工作

擁有一份根據十二週目標設定的週計畫，能讓你把時間盡量花在策略性活動上，並避免在突發緊急事件上花了太多時間。只要按照週計畫工作，並參考你的高效週模板，你終將實現目標。

2 | 將「高效週模板」加入行事曆

把高效週模板和時間塊放進你的行事曆裡，並設為固定行程，這樣就可以避免行程發生的可能衝突。有時候你必須挪移時間塊，不過大多數時候不需要。有時你可能需要出差（就像我），或者你每週的行程都不太固定（就像我），即使如此，你會發現週一早上花個五分鐘調整時間塊，配合每一週不同的行程，就已足夠。

18
擁有自主權

我們都聽過這些話，有些人拒絕為自己的行為負責，將失敗歸咎於他人：這是父母親的錯、是老闆的錯、是保守派或自由主義者的錯、菸草公司的錯、速食業的錯、整個制度在針對他們——巴啦巴啦，沒完沒了！總是有人或是東西造成他們的失敗。我們的文化越來越支持這種受害者心態，事實上，我們的法律制度甚至鼓勵這種心態。我們獎勵那些不為自己的選擇負責的人，並且歸咎於別人或其他的事物，就是不會自責。

儘管看起來有明顯的好處，抱著受害者心態的人會付出可怕的代價。受害者允許自己的成功被外部環境、人或事所限制。只要我們繼續當環境的受害者，就會把人生看作是一場鬥

爭，把別人視為一種威脅。

另一方面，當責制使你能夠掌控自己的人生，塑造自己的命運，發揮自身的潛力。最簡單的當責，就是對自己的行為和結果自主負責。實際上，成功的人都是負責任的人。

當責無關自責或懲罰他人，而是一種生活態度，承認自己在成果中所扮演的角色舉足輕重。當責關注的不是錯誤，而是要創造更好的結果所需付出的事物。如果我們自己和組織不認為我們擁有自主權，我們也無力改變或改善結果。唯有承認我們的行為會影響結果，到了那時——也只有此刻，我們才真正有能力創造自己想要的成果。

當我們承認自己必須負起責任，關注的重點就會從「為自己的行為辯護」轉變為「從過程中學習」，**失敗**會成為追求卓越的過程中得到的回饋。不利的環境和不合作的人們，都不能妨礙我們實現目標。當我們所站的立場不同，就能創造出不同的成果。

以下是丹尼・富恩特斯（Danny Fuentes）如何將其內化的過程：

當我從「一年十二週」研習會回到家中，我滿懷熱情，準備對自己工作的方式做些必要的改變，我也真的開始著手了。

結果我卻無法登入系統，花了一個半星期，才解決了這個

問題。那時候我們已經開始休假，我馬上回到老樣子，又陷入了「找藉口」的心態。我感覺甚至都還沒開始，自己就已經落後兩週了。我可以直接歸咎於進不去網站、休假安排，以及忙碌於低價值的工作能證明我的職場價值。但歸根結柢，這是對自己而不是對別人負起責任的事，拒絕找藉口，即使藉口就擺在那裡，唾手可得。

迎難而上，要做這樣的決定很難，我告訴自己，我已經工作了二十三年，應該可以不用再做那些事了。

這是一個很好的機會，我利用十二週所提供的工具，去做一些實屬必要但非常痛苦的改變。最終我得到結論：如果我不願意在日常生活中遵守紀律，一切都不會改變，願景永遠也不會實現。

不論失敗或成功，除了自己，沒有人可以責怪。最大的挑戰在於如何保持心態，讓自己深信今天所做的小事很重要。

很感激你們分享這個過程，讓我將它內化，改變自己的思維方式——更重要的是，改變自己的行為方式。

這可不是圖一時新鮮，它必須是生活方式的改變，我會繼續執行，使之完善。我並不抱著幻想，以為改掉舊習慣很容易。不過，至少我已經出發，而不只是站在想改變的起點上，卻毫無行動。

很顯然，丹尼懂了。在任何值得付出的努力中，總會出現障礙和挫折，我們很容易拿它們當理由（或者說是藉口），解釋你為什麼無法完成工作。有時候，你甚至會覺得你的藉口很有道理。也或許，有些情況的確超出了你的掌控，只要是頭腦正常的人，都不會奢望你能克服這種不是靠努力就能克服的障礙。

達斯汀‧卡特（Dustin Carter）還小的時候，因為罹患一種罕見的血液疾病，醫生為了救命，不得不截去他的雙臂和雙腿。你能想像那會是什麼感覺嗎？我完全無法想像。我也遭遇過挑戰，但是沒遇過像這麼難的。我怎樣都無法想像，手術醒來時，自己已經沒了胳膊或雙腿。你怎能不感到難過，覺得人生給了你一手爛牌？如果說誰有正當理由為自己感到難過，非達斯汀莫屬。

有趣的是，即使達斯汀有這種感覺，也沒有持續太久。他不僅沒有被身體的缺陷阻礙，還學會了如何在身體的限制下，發揮優異的體能。想像一下，你有一天醒來，沒了手跟腳，你開始想往後的人生能做什麼。在你的想像當中，當個摔跤手可能不會是你的首選──但卻是達斯汀的答案。他選擇了摔跤，透過努力和數不清幾小時的訓練，他成為一名有所成就的摔跤手。卡特做的不僅僅是克服身體上的挑戰；他還**打敗**了這些挑戰！在過程中，他也激勵了數百萬正面臨挑戰的人。

所以真的有「障礙」嗎？我一想到卡特要克服的障礙，再看看自己的挫折，我感覺很丟臉。你呢？你讓什麼擋住你的路呢？回想一下，你曾經讓哪些障礙和絆腳石阻礙了你的目標。

　　難道你現在不該停止找藉口，不再讓事情擋在你和理想的人生之間嗎？你目前的人生，是你做過的所有選擇的結果。你可以怪環境、怪教育、怪家庭、怪學校、怪老闆或是那些政客們，但事實是，這些東西沒有一個是你可以控制的。你能控制的是你**如何回應**。主動承擔責任並不容易，有時還令人感到不快，但是如果你認真對待自己的目標，就必須全權自主地掌握自己的情況。

　　掌握自主權，意味著你不再向外求。不要讓任何**事情**阻止你過上想要的生活，或你有能力過的生活。說到底，除了幾個親密朋友之外，沒有人真正關心你是否成功。你可以找盡所有找得到的藉口，反正世人並不在意。雖然這話聽起來很刺耳，但這就是事實。啊，你可能會不時地博得一點同情，也許運氣夠好，還能賺到一杯免費啤酒，但是僅此而已。我想說的是，放棄自己的力量，永遠不會創造出你所渴望的成功。現在就下定決心，不再讓藉口阻礙你實現目標。

培養當責習慣

你可以透過以下這四件事培養自我負責的習慣，以獲得想要的人生。

1. 下決心不再當受害者

如果你繼續棄自己的力量不用，就不可能過上有意義的人生。做出決定，絕對不再當個受害者。留意自己都在什麼時候找藉口，什麼時候甘於平庸。專注於你能掌控的事情。當責首先是一種心態，然後是一種行動。為了實現願景，就要掌握自己的思想、行動和結果，並負起全責。

2. 別再自怨自艾了

自怨自艾除了產生自憐的情緒，一無所得，如果你一天到晚自怨自艾，還會變得抑鬱。事情未能如你所願的時候，為此感到失望和難過沒關係，但是不要讓這種情緒持續下去，變成自憐。學會管理你的思維和態度。

3. 願意採取不同的行動

如果你想要不同的結果，就要用不同的方式做事，且做不同的事。盧·卡薩拉（Lou Cassara）是《從銷售到服務》

（*From Selling to Serving*，直譯）一書的作者，也是我的朋友。正如他所說，如果你想擁有沒有的東西，就需要做一些沒做的事。採取行動不僅會改變你的結果，也會改變你的態度。我發現在自己沮喪的時候，改變看法最快的方法就是「採取行動」。

4. 與「自我負責的人」在一起

有句諺語說：「與智者同行，必得智慧。」你的人際關係是很重要的一環，遠離扮演受害者和找一堆藉口的人，把這些心態視為致命的傳染病，並與自我負責的人建立起關係。如果你生命中重要的人是藉口製造者，請你發揮積極的影響；請他們閱讀本章，樹立當責制。

現在就花幾分鐘時間，寫下你如何在人生和事業中培養自我負責習慣的行動。

轉換思維

當責是一場重大的思維轉變。正如我們討論過的，這個社會將當責視為對後果負責。然而，當責講的不是後果，談的是自主權。當責是意識到即使你不能控制環境，也可以控制自己回應的方式；它是理解你的選擇品質，決定了你的生活品質；它是承認不論在任何情況下，你始終、總是、永遠都有選擇。在某一特定情況下，你擁有的選擇可能不是很有吸引力，但是你仍然有選擇——這是很重要的差別，這是一個能賦予自己力量的差別。

你看待當責的看法會影響一切。

團隊應用

不論對組織或對個人而言，當責制有著長遠且顯而易見的好處：產出更好的成果、增加掌控感、減少壓力和提升整體幸福感。

想像一下：貴公司接受當責制為企業文化的情景。當責制被正面看待，而且同事之間心甘情願建立當責的關係。考慮一下這樣的可能性：在一個組織中，同事之間不再需要找人問責，當責就是每個人運作方式的一部分。

領導者需要打破「當責制即是追究後果」這種限制性的想法。我們所合作過的每一個組織，都在談論讓員工負起責任這個問題。但是當責制是無法強加、要求或強迫的，它是

> 最終，每個人都會坐下來，面對後果的盛宴。
> ——小說家羅伯特·路易斯·史蒂文生（Robert Louis Stevenson）

自由的必然產物。當領導者試圖讓員工負起責任，就會迫使他們處於防禦狀態，無意中催生了受害者文化。追究責任這個行為本身，沒有留下個人自主的空間，更無法讓個人主動為自己的行為或結果承擔責任。即使是我們當中最有責任感的人，也會自然而然地反抗。

我們能夠提供給人的，只有自己能全權負責的事物。你身為一個領導者，主要的工作之一就是培養員工的自主性，讓他們主動對最重要的事情負責。如果你一直想著追究同事的責任，就不會可能出現主動負責。

我並不是說你不該面對事實，我也不是說你不該講求結果。後果在塑造行為上會發揮作用，但是如果沒有自主權，永遠不會有自主的努力。你需要為員工創造自主空間。

以下針對如何在你的組織內建立當責制，提供幾個訣竅：

對於受害者的說話方式有所覺察

注意你和組團隊的人如何談論失敗，這些談話的重點首先應該是承認現實，再討論未來可以採取什麼不同的作法。請記住，我們得到的結果與我們的想法息息相關。透過練習思考和說話的方式，承認你對自己的行動和結果擁有自主權。

樹立當責的榜樣

行動勝於雄辯。如果你想讓別人主動承擔責任，就要先展現自己有所擔當。你要做個好榜樣，讓員工可以期待又安全地接受當責制。

澄清期望

當責制始於明確的期望。理解期望，是個人和組織當責的基礎。作為個人，你需要具體地了解自己想要的結果，以及如何衡量成就的方法。

從生活中學習

你會犯錯。你不總是能得到自己追求的成果，尤其是在首次嘗試的時候更不可能。失敗充滿了訊息，學會視它們為寶貴的回饋，用以改善未來的結果。上帝有個好方法，就是一遍又一遍地給我們同樣的教訓，直到學會為止。

著眼於未來

當責講的不是過去,而是著眼未來。我們經常判斷過去是好是壞,但在許多情況下,過去已成過去。忘了推諉指責、忘了內疚,專注於未來,關注你能做些什麼以取得更好的結果,向前邁進。

你對當責制的想法和信念,會影響你的行動和組織的成果。如果你對當責制的看法發生轉變,會有什麼不同?如果你讓顧問和同事們擁有自主權,企業文化會有什麼不同?這會如何改變你的角色和與團隊之間的關係?

身為領導者的你,只要改變自己對當責制的投入和思考方式,就能改變對話、關係、結果和公司!

☹ 陷阱

1 │ 你繼續把當責視為追究後果

現在你應該清楚，當責不同於追究後果。如果繼續把當責視為追究後果，會妨礙你發揮自己的潛力，還會嚴重限制與你共事的人。把這句話寫下來，貼在牆上：「當責講的不是後果，談的是自主權。」

2 │ 不內省而是外求

期待自己無法掌控的事情發生改變，這是另一個大陷阱。無論是經濟趨勢、公司、你的老闆，或是配偶，期待某些事或某些人改變，都是極為無益且令人沮喪的事情。

☺ 祕訣

1 | 承認現實

正如伊麗莎白‧凱迪‧斯坦頓（Elizabeth Cady Stanton）說的：「真相是唯一安全的立足之地。」當責處理的是現實。當你充分掌握自主權，全權自主，你就只能對自己和別人坦誠，沒有別條路。現實情況已然如此，改善它的唯一機會，就從承認現實開始。

2 | 專注於你能掌控的事

為了提高效率，你需要專注於可控的事情，你無法控制環境或其他人，你唯一能控制的就是自己的行動。把精力耗費在你能掌控的事情上，持續讓你的思維和行動富有生產力。

19
十二週的承諾

這是我朋友米克·懷特（Mick White）寄給我的 E-mail：

今天是我三十六歲的生日。這件事擱在我心裡已經有一段時間，是該分享的時候了。

將近兩年前，我們參加了一年十二週的研習。在這兩年裡發生了很多事，無論是職場或個人生活都是如此。你對於一年十二週對敝公司業務產生的重大影響也許有所耳聞，但我想分享的是一年十二週如何影響我「個人」的故事。

在研習的第二天下午，你向我們介紹了承諾的概念，並指出成功承諾的四個關鍵：（1）強烈的渴望；（2）關鍵行動；

（3）計算成本；（4）依據承諾而不是憑感覺採取行動。我想到自己承諾去做的事（就像諾亞盡最大努力去收集世界上所有動物一樣），我想要許下一個真正能夠改變我的人生的承諾。還記得我寫下承諾，心想：「希望沒人會看到 …… 希望布萊恩不會要我分享我的承諾。」

但你看，我寫下的是：「從週一到週五，我要每天打電話給媽媽。」這看起來很簡單，不是嗎？

我媽媽和我的關係很好，她是我最大的支持者，她總是帶頭為我喝采歡呼，我則是她的磐石。世界上沒有一個女人能取代我母親，她是獨一無二的。從 2009 年 9 月 30 日到 2011 年 6 月 11 日，我每天都打電話給我媽媽，從週一到週五一天也沒落下（週末是休息日）。要在白天找到時間打電話並不總是很容易，也不那麼方便。我得羞於承認的說，有時候這讓我覺得是負擔。

但我知道，這通電話是我媽媽一天當中的大事。每一次我打電話給她，都成為她這一天的高光時刻。現在回想起來，這也是我一天的高光時刻。

由於我在 2009 年 10 月 1 日所做的承諾，在這 88 週的時間裡，我和媽媽至少講過 440 通電話。我擁有一些無價的語音郵件、許許多多的美好回憶，我和媽媽之間的關係也更深厚。

2011 年 6 月 11 日星期五那天是我與媽媽最後一次通話，

她於 2011 年 6 月 13 日星期一早上意外去世，我再也不能將「週一到週五每天打電話給媽媽」加入十二週計畫了。我沒有一天不想打電話給她，尤其在我生日時，特別希望能聽到她的聲音。

我許下的承諾改變了我的一生，我永遠承你的情。現在我在此「承諾」會執行我的新計畫，努力成為我媽媽期待我成為的人。

一個看似簡單的承諾竟能產生如此深遠的影響，讓我感到震驚不已。有時候，兌現自己的承諾，即使是最微小的承諾也會產生最大的影響。而十二週的承諾可以真正改變人生。

承諾的力量

「承諾」是一年十二週計畫中，三大法則的第二條法則。在《美國傳統詞典》（*American Heritage Dictionary*）第四版中，承諾的定義是：「在情感或心智上受到某種行動，或是受一人（多人）束縛的狀態。」承諾是有意識的決定採取特定的行動，以創造理想的結果。

承諾的威力強大。從某種程度上來講，承諾是對未來的當責。你先決定不惜一切代價實現目標，而你越是負責，越有可

能履行承諾。

我們在生活之中，不乏可以看出承諾威力的例子，我們都有過一個願意不惜一切代價去實現的目標或目的。回想一下這樣的

時刻，堅持並履行承諾時，你有什麼感覺？達成目標的感覺怎麼樣？這讓你對自己實現目標的能力有什麼看法？即使在面對困境或受到引誘想要放棄時，你的終極目標願景是如何影響你的決定和行動？

我想從兩個層面來檢視承諾，第一個層次是我們所說的個人承諾，即我們對自己的承諾；第二層是我們對別人所做的承諾，即我們說出的話語。

我們先從個人承諾說起。

個人的承諾

個人承諾是指你對自己許諾要採取特定的行動，可能是持續運動的習慣、花時間與家人相處、戒菸，或是每天打多少通業務電話。現在就花幾分鐘的時間，想想你對自己許下並遵守的兩項個人承諾。

▶ 寫下你成功履行的兩個承諾：

現在想想，履行這些承諾時，你得到什麼結果？你對自己的感覺如何？因為遵守這些承諾，以後再做出和遵守自我承諾是否會更容易？無論結果如何，你為了結果付出努力，你如何看待自己的這份努力？把你的想法寫下來。

▶ 信守個人承諾的好處：

在第九章中，我們討論了承諾的力量，但是我們也都有即使花好大的力氣，也無法兌現承諾的時候。新年新希望是典型的例子。事實上，新年新希望往往在目標要實現之前就被放棄了。我們來看看為什麼會這樣。為了引導你的思考，我們用冰

山做個比喻（見圖 19.1）。你可能知道，冰山有一小部分（大約 10%）位於水面上，大部分都淹沒在水面下。人就像冰山，不論什麼時候，我們的思想、情感和身體感覺，只有一小部分是我們意識到的，即在我們意識之海的水面上。

就拿冰山這個比喻來講，你覺得「意圖」落在哪個部分：水面上還是水面下？如果你仔細思考，就會意識到意圖既在水面之上，又在水面之下。

這意味著我們有可意識到的意圖，即「明確的意圖（stated intention）」，也有我們不知道的意圖，即「隱藏的意圖

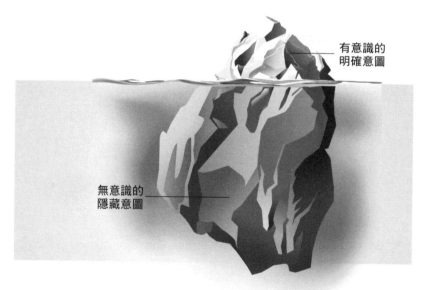

有意識的
明確意圖

無意識的
隱藏意圖

圖 19.1　意圖的冰山。

（hidden intention）」。通常，可意識到的明確意圖與不知道的隱藏意圖是互相衝突的。以下是一個意圖互相衝突的例子。

減肥是一個常見的新年新希望。在我們舉辦的研習中，我們經常問這個問題：「以你的個人標準來看，這裡有誰自認自己超重？」通常至少有一半的人舉手。你不妨也問問自己這個問題：「以你的標準看，你是否超重？」如果你的回答是肯定的，那麼你的意圖就存在著衝突。在 10％的水面上，你想要達到理想體重，但是根據結果來看，在 90％的水面下，你擁有不同的意圖。

我們要求學員列舉一些隱藏的意圖，得到的結果如下：

- 我喜歡吃東西，不想放棄享受美食的樂趣。
- 我不想在寒冷的天氣裡，爬出溫暖的被窩去跑步。
- 我不想浪費力氣。
- 我不覺得自己有那麼重，或我一直都是那麼胖。
- 我沒有時間。

從技術層面上來看，這些理由是更深層意圖的呈現，比如對舒適、愉悅、滿足、輕鬆、權勢等等的渴望。重點是隱藏的意圖往往在水面下，與我們的明確意圖衝突，導致我們要花很大的力氣才能履行承諾，貫徹我們的意圖。因此，當你的明確意圖強過隱藏的意圖，或是你能有意識地處理衝突，就能成功

完成承諾。

　　我們來看一個商業上的例子。對許多銷售人員來說，穩定的轉介推薦可能是決定成敗的關鍵。但是，即使是打算每週獲得一定數量的轉介推薦，有明確意圖的業務人員，也常常開不了口去爭取。很顯然，有什麼東西阻礙了他們。業務人員在尋求轉介推薦這件事上，可能有什麼隱藏的意圖呢？

　　可能的隱藏意圖如下：

- 我還沒有贏得推薦過。
- 我不想因為尋求轉介推薦而危及眼前這筆交易。
- 我害怕被拒絕。
- 我不想讓自己表現得有求於人。
- 我想讓別人喜歡我。
- 這樣做可能會讓情況變得尷尬。

　　假如一個業務人員有著如此一大串隱藏意圖，那他要求轉介推薦的可能性接近零。想要更有效率，業務人員首先需要知道這些意圖的存在，然後在這些隱藏意圖與得到轉介推薦的願望之間，找到平衡。

　　在第九章中，我們提供了成功承諾的四個關鍵，提醒你，這四個關鍵是：

1. 強烈的渴望。

2. 關鍵行動。

3. 計算成本。

4. 依據承諾採取行動，而不是憑感覺

現在，我們來將這四個關鍵付諸實踐。

承諾練習

在這個練習中，我們將帶你建立一套十二週承諾的過程。圖 19.2 是一年十二週承諾的工作表，你可以按以下步驟進行：

Step 1　決定目標

首先，從「承諾之輪」的類別：精神、配偶／感情關係、家庭、社群、身體、個人或事業，選出幾個代表你想取得突破的目標。把這些目標寫在圖 19.2 中的「目標描述」裡。記住，請用肯定的語氣描述這些目標，並且儘可能寫的具體，使之可以具體評量。我們就以這個目標為例：「減重到 80 公斤，體脂率降為 10％」。

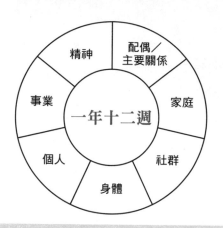

▶ 目標描述：

▶ 關鍵行動：

▶ 承諾成本：

圖 19.2　個人承諾是讓你每十二週就能改變人生的有力方式。

Step 2　找出關鍵行動

接著，找出對目標影響最大的關鍵行動。要注意的是，我並不是說這是你需要採取的唯一行動；它只是影響最大的行動。理想的情況下，這是你每天或每週都可以投入的行動。在「關鍵行動」中，為每個目標都寫下一項行動。

繼續以我的例子為例，要達成減肥和保持身材的目標，我有很多選擇。飲食和健身是兩個基本選擇，但在營養選擇和運動習慣這兩個大類之下，我還有幾十種選擇。我需要選擇一項比起其他行動，更能對我的身體健康產生最大影響的活動。最好的情況下，它應該有催化作用，鼓勵我採取其他的行動。以個人而言，如果我每週健身四次以上，我的飲食習慣自然也會改善，所以我想讓身體更健康的關鍵行動就是「健身」。

想要成功，你不僅需要下決心實現目標，更重要的是，要專注實踐你的關鍵行動，這是極為重要的一步。

Step 3　寫下承諾成本

現在找出你在每週持續採取該項行動時，必須付出的成本，並寫在「承諾成本」裡。你要在填寫這一欄的時候，讓任何可能與既定目標相衝突的隱藏意圖浮出水面。例如，每天健身的成本可能包括放棄看電視、少打高爾夫、減少社交活動、

減少與家人相處的時間、早起，以及不管多累都得堅持運動；
節食的代價可能包括放棄一些愛吃的食物、減少外出用餐的次
數，以及少吃一點。

Step 4　完成承諾

　　最後，圈選你願意付出代價的關鍵行動。而這就是你在下
個「一年十二週」的承諾！你要把這些行動納入你的十二週計
畫之中，每週執行。

對他人的承諾

　　我想探討的第二種承諾是你對他人做出的承諾。開始討論
如何更信守這些承諾之前，請先花幾分鐘回答下面的問題：

1. 回想一下，有人曾經承諾對你而言非常重要的事，卻
   沒有做到。描述當時的情形以及它給你的感受。

2. 回想一下，你對別人做出承諾卻沒有兌現的具體情形。
   他們的感受如何？你的感覺怎麼樣？

3. 違背承諾對雙方和彼此的關係會造成什麼影響？

4. 當我們要求研習學員舉出違背承諾的後果，以下只是
   其中的一部分：

   • 失去誠信

- 對人失望、失去信心
- 失去信賴感
- 關係破裂

這份清單很短，同時也很醜陋！顯然，不履行承諾會破壞關係，還會造成失敗和自尊問題。大多數關係之所以痛苦，都是因為違背承諾而產生，無論這份承諾是明示還是默認。明確的承諾（explicit promise）是指你講出來的話，而默認的承諾（implicit promise）則是預設的某種認知。默認的承諾有幾個常見的例子：

- 為人父母者保護孩子免於受到傷害
- 配偶必須愛護和安慰另一半
- 身為領導者應提供願景與公平行事
- 身為領導者應提供培訓和發展

我們需要有所自覺，人人都對他人有默認的承諾。在你的職業和個人生活當中，有哪些默認的承諾？你如何兌現這些承諾？有什麼方法可以改進？

正如做出和履行個人承諾一樣，信守對他人的承諾也有一些關鍵步驟：

守信的強烈願望

如果你的話意義不大，信守諾言起來就會很吃力。如果你明白違背承諾的不良後果和信守諾言的好處，而這份諾言對你來說真的很重要，你能遵守自己對他人的承諾可能性會更大。

計算成本

雖然有的時候，我們很難做到在事發當下要停下來考慮成本，但是就像個人承諾一樣，在對別人做出承諾之前先計算成本很重要。如果你做出承諾，後來又意識到自己不能或不願意兌現，請在承諾兌現的時間到之前迅速重新協商。

按照承諾行事

就跟個人承諾一樣，你對他人的承諾也會有完全不想兌現的時候。這時候，你就需要有意識地兌現你的承諾，而不是憑感覺行事。

轉換思維

為了貫徹你的承諾，你需要調整自己的想法，與幾個核心信念保持一致。首先是你可以說「不」。人們寧可接受你說不，也不喜歡你食言。這個信念的挑戰在於，因為你不想讓任

何一個人失望，所以當下可能會很難說不。他們就站在你的面前，你現在有機會可以做出貢獻或是幫助他們。答應比拒絕的感覺要好多了；儘管當下說「不」可能會讓人失望，但是長遠來看，這比過分承諾之後又不兌現承諾要好多了。**你可以說「不」，真的可以。**

　　承諾需要你有所犧牲，因此除了學會說不之外，你還需要訓練自己思考長遠的好處與短期的不便和不適，並與前者建立連結。延遲享樂（delayed gratification）是一種高效的方法，這是大多數人不太感興趣的概念，但它仍是你實現目標最快的途徑。

　　這就是為什麼有效的承諾的首要關鍵是強烈的願望。承諾的心態是選擇愉快的結果，而不是令人愉快的活動。

　　對於承諾以及任何你想認真對待的事，不要在心理上給自己過多的壓力。詹姆·柯林斯（Jim Collins）為《快公司》雜誌寫了一篇很棒的文章，標題為〈一個攀岩者的領導力教訓〉。他在這篇文章中提出失敗（failure）相對於墜落（fallure）的概念。柯林斯本身是個攀岩愛好者，他用自身的經驗來討論這個概念。下面是一小段摘錄：

　　失敗與墜落兩者的差異很微妙，卻是世界上最大的不同。在墜落中，你還沒有構到目標，但是你絕不會放手；在墜落中

你會跌倒，但在失敗中你會放手。墜落意味著你全力以赴向上攀登——即使成功的幾率不到20％、10％，甚至5％。你毫無保留，什麼精神或身體的資源都用上了。在墜落中，你不會在心理上給自己找退路：「好吧，我並沒有真正全力以赴。……如果我盡了全力，我可能會成功。」在墜落中，儘管有恐懼、痛苦、乳酸和不確定性，你始終全力以赴。在外界看來，失敗和墜落看起來相似（在這兩種情況下，你都是飛在半空中），但是墜落的內心感受完全不同於失敗的內心感受。

唯有在墜落而非失敗的時候，你才能發現自己真正的極限所在。

承諾的定義是要求你「嘗試去墜落，而不是嘗試失敗」。現在就在你的腦中設定：過程比結果更重要。你無法掌控結果；你能控制的是你的行動。不要擔心你的目標可能太大，或者你可能達不到，那又如何呢？當你做出了承諾，不要給自己留退路。

與思維相關的最後一個建議是：每當你克服伴隨著挑戰而來的恐懼、不確定性和懷疑，它的好處遠超出這些，同時在這個過程中也塑造了你所能成為的人。當你明白自己可以做到，光是這樣就會賦予你力量和解放。

團隊應用

身為領導者，你許下並信守承諾的能力，對於建立並維繫強大的關係與充滿高效的團隊而言，是必要而不可少的。失信於人會耗盡情感帳戶裡的存款，還會破壞關係。

我們有一位客戶名叫吉姆，他是一家經營成功的金融服務公司執行長，當他與一名下屬會面時，感覺到一股潛在的緊張氣氛。他們之間的談話似乎不是那麼坦誠，比平時要緊張得多，於是吉姆直接面對這個問題，詢問對方是否出了什麼事。下屬指出吉姆同意要做一些事，卻沒有做。在此之前，吉姆完全沒有意識到自己失信了。他回頭翻閱自己的紀錄，果然找到了，他的確承諾檢查一個項目並在一週內回覆，但距離他許下那份承諾，時間已經過去了兩個月。

我覺得這個情況很有趣，在於這段期間這個下屬沒有提起過這件事，如果吉姆沒有敏銳地注意到，也沒有勇氣去問，對方可能什麼也不會說，但是這件事很顯然影響了他對吉姆的觀感和兩人之間的工作關係。

你不可能是完美的，但是要盡可能注意你所做的承諾，並盡你所能地遵守。如果你想要打造一個擅於信守承諾的文化，以及一群言出必行的員工，那麼你就要成為團隊的榜樣。

☹ 陷阱

1 ｜ 一次未能兌現承諾，你就放棄了

　　有時候，人生難免會遭遇阻礙，你無法兌現自己的承諾，不但讓自己失望，也讓別人感到失望。發生這種情況時，重要的是要馬上重新振作起來。不要放棄！

2 ｜ 無法面對沒有兌現的承諾

　　承諾可不是興趣，一遇到困難就放棄也沒關係的那種。履行承諾的過程中，受到阻礙無法兌現的時候，深入探究原因是很重要的事。立即面對問題，並重新承諾付出代價。這樣一來，你就加強了自己未來做出和履行承諾的能力。

3 ｜ 不重視自己說過的話

　　有時候，我們會許下無法兌現的承諾。有很多時候，我們在做出承諾之前就知道自己做不到了。我們在應該說不的時候說好，以此來避免短時間內的關係緊張。問題是一旦食言，就破壞了關係。別人會覺得他們再也不能信任你。當你重視信守諾言，就會避免做出自己不能或不會遵守的承諾。

☺ 祕訣

1 | 不要過分承諾

　　承諾是嚴肅的,請嚴肅以待。不要承擔超出你能力範圍內的事。以個人承諾來說,一般只要兩、三個就夠了,有時候,只承諾一件事更好。至於對他人的承諾,要知道大多數人寧願聽到你說不,也不願聽你說好卻又不能兌現。

2 | 將你的承諾公開

　　如果你對自己的承諾是認真的,不妨告訴你信任的人。不管什麼時候,只要將自己的承諾告訴朋友或同事,會使你更容易堅持到底。

3 | 與朋友一起做

　　就像生活中許多事情一樣,找個朋友一起做會更容易。如果可能的話,找朋友、同事或家人一起參與,支持和鼓勵會提高你成功的機率,也會讓整個過程更有趣。

20
第一個十二週計畫

本章的目的是為你提供一條經證實可行的道路，讓你將「一年十二週」的概念運用在接下來三個月內的生活和工作中。我們寫這本書的原意是讓你可以直接按表操課。你不需要做其他的事，就可以開始執行一年十二週了，所以我們就開始吧！

針對如何實現並維持改變的研究顯示，你在執行一年十二週時，可以採取一些措施來提高成功的機率。我們在本章中概述的方法，以及該計畫本身的步驟設計，都能幫助你充分有效的改變。

閱讀本章時，請隨時翻閱其它相關章節，以了解更多的細節和想法。我們最大的願望是幫助你的人生有新的收穫。當你

開始使用一年十二週，請發封電子郵件給我們，讓我們知道你做得怎麼樣。

　　一年十二週的目的是透過更有效率的執行，發揮你的最佳狀態，不過要充分展現十二週的全部價值，還要做幾件事，才能提高你的成功機率。

打敗怪物

　　如果我們在追求人生目標的時候不會遇到阻力，那就皆大歡喜。但現實是，這個世界需要我們付出努力，才能成就大事，就是這份「努力」阻止許多人，無法成為自己有能力成為的人。

　　如果你已經讀到這裡，就會知道改變會遭遇許多障礙。事實上，第十二章所提到的「情緒變化週期」代表了隨著時間過去，我們面對這些障礙的情緒反應。好消息是，你可以用一些簡單的方法來克服這些障礙——但是首先要意識到障礙本身的存在，這才有用。

　　改變的障礙是你在實現目標之前得面對的怪物，就像你六歲大的時候，晚上躲在你床底下的怪物一樣。在白天對抗這個怪物時並不那麼可怕，因此，我們就來看看改變時會遇到的一些常見障礙。

有許多很棒的書都深入探討過改變的障礙：奇普‧希斯和丹‧希斯（Chip and Dan Heath）的《你可以改變別人》（*Switch*）、查爾斯‧杜希格（Charles Duhigg）的《為什麼我們這樣生活，那樣工作？》（*The Power of Habit*）、蘇珊‧傑弗斯（Susan Jeffers）的《向生命下戰帖》（*Feel the Fear and Do It Anyway*），是我們最喜歡的幾本書。如果想要深入了解這些障礙和解決方案，建議你去讀這幾本厲害的著作。但是現在，我們只想把這些常見的障礙與排除的理由串連起來，為一年十二週這套強大的工具建立理論基礎。

1. 立即滿足的需要

假如能有選擇，人們幾乎每次都會選擇眼前和確定的短期舒適，而不是潛在的長期利益，除非有一個令人信服的理由，否則他們不會做出新的選擇。這就意味著即使改變之後，能帶來巨大的好處，但如果眼前付出的成本超過當下的效益，許多人就會直接放棄。

為了改變你選擇舒適而不是成長的傾向，一年十二週透過十二週的目標將你的願景變為現實。這個目標將你每天採取的行動當作計畫的一部分，與你的長期願景連結起來。因此我們建議你採取的行動之一，就是每天至少花幾分鐘的時間回顧你的願景。

有一個從事銷售的客戶告訴我們，私底下他很討厭認識新朋友！由於大多數情況下，銷售產品必要的第一步就是與新的潛在客戶見面，對於他的職業來說，這就成了障礙。他告訴我們，他是如何克服這個可能會終結他的職涯的問題，方法就是他在與新的潛在客戶會面之前，會先列出他的願景，放在方向盤上，然後大聲朗讀。他透過這種方式，重新找回個人動機，即他**為什麼**要做這份工作的初衷。

每次新認識人時他都這樣做，重設自己當下的利益／代價這個等式。他沒有選擇短期的安逸舒適，而是選擇了自己的願景，在這段過程中，他選擇去認識新的潛在客戶。他的願景和日常行動經過有意識地調整，強力地保持一致。

2. 重大改變與多個目標

由艾米・戴爾頓（Amy N. Dalton）與史蒂芬・史匹勒（Stephen A. Spiller）所做的一項研究發現，如果你所追求和規劃的目標不止一個，那麼完成計畫的好處就算不是完全沒有，也會迅速減少。

該研究認為，同時規劃一個以上目標的時候，由於人們會被迫想到為了達成目標，必須面臨的一切障礙、限制和得放棄的快樂活動，這件事本身就令人感到沮喪。直覺來看，這話有一定的道理。人在面對一個很大的專案（像是打掃一棟極為髒

亂的房子，裡面又有好幾個房間），面多待處理的一大堆細節（如堆積如山的衣物和髒兮兮的地毯），這時候就會感到不知所措，最後根本無法採取任何行動。

把這個研究結果放進第十二章「情緒變化週期」的脈絡下也說得通。從週期的第一階段（無知的樂觀）轉向第二階段（知情的悲觀），是從擬定一個書面的計畫，確認為了實現目標必須付出的代價開始的。你對於自己該多努力、該付出多少的看法，將會影響你採取行動的意願。

想像一下，你有一個平衡個人預算的計畫、一個減肥計畫（包含飲食和運動），還有一個在半年內結婚的計畫——最重要的是，你剛剛接受一份新的工作，成為一個目標導向的專案經理！

現在再想像一下，在這些目標之外你又多加一個目標，還要為所有目標做一份計畫。比方說，你決定在這週六從克利夫蘭開車到芝加哥參加婚禮。在這一大堆待辦事項當中，你又增加一個新的目標（參加婚禮）和一個新的計畫（研究去參加婚禮的開車路線）。根據上述的研究結果顯示，此時你會感到應付不過來，完全放棄做計畫，並且根據當下的感覺做決定。

但你並不是這樣做，對吧？事實上，你坐上車，按照路線指示，準時抵達會場，參加婚禮。這怎麼可能呢？這個嘛，答案顯而易見：當你開車的時候，一次只有一個目標。你並不是

一邊開車，一邊完成工作專案、平衡收支，或是健身。你把不同的目標和達成它們的行動分開來，專注於按照指示，一次轉一個彎，直到抵達目的地為止。你不會把旅行想得太過複雜，把自己搞得不知所措。

事實證明，這種旅行方法也適用於實現其他目標。你在開車時，身體無法做其他的事，駕駛限制了你的注意力。 在漫長的州際公路上，也許你會在變換車道和查看地圖之間，想到其他的目標，但是在轉彎時，你所能做的就是專心駕駛。

奇普・希斯和丹・希斯在《你可以改變別人》一書中指出，縮小你對巨大改變的感知規模，更有可能實現你的目標，關鍵之處在於，最終的目標並沒有縮小，改變的只是你對它的**想法**。戴爾頓和史匹勒的研究也證實了這一點，他們發現，如果你認為實現多目標的計畫是可行的，那麼你**更有可能去執行它**，對多個目標的規劃也是有益的。如果你認為自己的計畫切實可行，你就會去執行它，並且從中受益。換句話說，你對計畫的想法會影響你的執行力！

《你可以改變別人》這本書中提到「縮小 」改變的兩種方法：第一，限制一開始的投入時間（例如，花五分鐘時間打掃），第二，訂出快速可達成的進度里程碑（打掃小間一點的浴室）。這樣一來，你對改變幅度的看法就會發生轉變，你就可以「擺脫困境」，開始行動。

一年十二週本身的設計，是為了在一開始就營造出有具體進展的感覺。事實上，光是讀到這裡，你就已經成功地開始了第一個「一年十二週」。

在十二週之內，你的進步是顯而易見且立竿見影的。使用第一份十二週計畫的第一天，就讓你躋身進入一群正在以行動追求人生新高度的精英群體之中。如果你採用一年十二週裡的例行性工作，讓你立即發起行動，成為一個嫻熟的執行者，這項能力將為你的人生帶來巨大的好處。

即使你有好幾個目標，一年十二週的紀律也能讓你按計畫按部就班地進行。當你訂出十二週目標，規劃好每日和每週的行動，就等於有了詳細的路線指示，可以一一實現每一個目標。此外，你還每天追蹤進度，在每週的策略時間塊中，一次專注於一個目標和行動。總地來說，將一年十二週各個部分結合起來，讓你一次做一點點，就能克服同時執行好幾個目標會遇見的障礙。

3. 舊習慣

你當前的行動正在創造當下的結果。為了創造新的結果——比如說，要達成你的十二週目標，你必須以不同的方式去做事，還要做不同的事。然而你既有的環境和舊有的觸發因素，會刺激你繼續用舊的行為模式、陷入舊的循環，亦即你的

舊習慣。

查爾斯‧杜希格在他的《為什麼我們這樣生活，那樣工作？》中提出一套克服舊習慣和養成新習慣的方法，這套方法有四個步驟，他指出其中一個關鍵步驟就是「按計畫工作」。即使舊環境和舊觸發因素都存在的情況下，一份書面的行動計畫——也就是心理學家所說的「執行意圖」（implementation intentions），也能幫助你產生新的行為。一個計畫能創造出一套新的、有意識的行動選擇，並在舊環境中產生新的結果。

一年十二週裡的每週例行性工作，會創造一個新的環境，包含一套新的行動提示和改變一切的行動。如果你持續採用十二週的每週例行性工作，十二週目標將會變成現實。

4. 受害者思維

有時候，人們會把權力交給外界，認為自己所遭遇的障礙是無法跨越的：要不是環境不允許，他們就會表現得很出色。

然而，只要你認為成就卓越的方法在他人身上，你就會一直缺乏改變的力量。現實是，你唯一能控制的是你的思維方式和行為方式；其他的一切，你只能試著去影響。個人當責，亦即對自己的願景、目標和計畫全權自主，是成為一個傑出的人所能做到最重要的、也是唯一的事。重新閱讀第八章和第十八章，提醒自己把當責看作全權自主所賦予的力量。這兩章可能

是本書裡最有力的部分。

第一次的十二週

頭一次的十二週很可能是最重要的一次。如果你決定嘗試看看一年十二週，熟悉它一下再決定要不要使用，你的成果可能不會很好。下面是凱西·強森（Casey Johnson）的經驗之談，一開始他只是小試，然後他決定完全投入到這個系統中，看看發生什麼事。

為了從一年十二週中取得最大的價值，我的建議是從一開始就完全投入。把你的自我放到一邊去，承認別人可能知道一些你不知道的，他們也許會幫助你變得更好。

我是在三月份第一次接觸到一年十二週，當時公司辦了一次為期兩天的培訓課程，請到了本書的作者。起初我並不買帳。我對一年十二週這個概念淺嘗即止，並沒有看到什麼太大的改善。

我自認為已經知道成功的要素，也覺得從一年十二週之中沒什麼好學的。事實證明，我錯了。

三個月後，時間來到七月，我沒有達到自己的目標，還遠低於我覺得自己有能力達到的水準。那個時候，我有一個機會

可以聘請一年十二週的教練。我下定決心，頭一次全面投入一年十二週。

現在回過頭去看，最初對十二週的完全投入，根本就是在養成與執行一年十二週相關的所有習慣。我設定一個目標，這個目標對我來說算是頗具挑戰，也擬了一個計畫，專注於推動我的每週業務活動：每次見客戶都要求他們推薦轉介、每週六次面對面的業務拜訪。我在使用週計畫的過程中建構計畫，並且每週給自己打分數（順便說一句，分數不要作假，作假不會讓你變得更好）。我去見教練，每週參加一次責任會議，幫助自己面對表現不佳之處。

我改變了很多，但最重要的可能是比以前更珍惜自己的時間。我花掉的每一分每一秒都含有機會成本，現在的我如果不把時間花在最有價值的活動上，就會覺得自己正在虧錢。

第一次的十二週過去之後，我成功地安裝了一年十二週系統。我的活動增加了，成果也開始顯現。到了第二次的十二週結束時，我談成的交易比過去一年半的時間裡所談成的交易還要多！以我的經驗，在敝公司的年度壽險（銷售）排行榜上，我的首年傭金收入全國排名第四。前一年我做得還不錯，但是我的名字並不在最佳表現員工的名單上。現在我入榜了！

我要告訴所有正在聽的人，如果你正在考慮一年十二週，不要只是沾個邊，要投入。

強森的故事固然令人激動，但並不是極罕見。一年十二週可以幫助你以前所未有的速度實現目標。關鍵是第一次接觸一年十二週就要完全投入。

為了將一年十二週運用得當，你對每天和每週的思考與行動需要更加有意識。好消息是一年十二週的設計正是為了幫助你做到這一點。每十二週都有一個模式，許多方面與一年十二個月相仿。

每十二週就發生一次的重複模式，第一個是設定（或重新連結）你的長期願景。好消息是你可能已經完成這一步了。如果還沒有，建議你去看第十三章，打造你的願景。確定你的願景之後，下一步是設定十二週的目標，這個目標代表你實現願景的進度，這本身就是一個很好的成果。一旦目標設定好，你要訂出一個十二週計畫來實現這個目標。創造或調整願景、目標和計畫，是每次「一年十二週」計畫開始之前都要做的事。

你的第一個十二週是獨一無二的。事實上，再將它細分為三個四週會很有用。

第一個四週

研究顯示，當你接觸到一個新的概念或習慣，你越早採用，使用的越頻繁，它就越有可能融入你的日常生活。

如果接下來的十二週對你來說是一個突破，那是因為你決定做些必要的事來提升自己的表現，以求更上一層樓。使用一年十二週的工具和概念，有效執行你所制定的計畫：每週抽出時間，去處理具有長期戰略意義的重要項目；專注於一年十二週的基本做法，盡快將它們變成你的習慣；設定好每週例行性工作，讓這三個步驟成為你的新習慣。

1. 規劃你的一週

2. 為上一週打分數

3. 參加每週責任會議

此外，為了幫助你執行得更好，分配時間塊、追蹤關鍵指標這兩件事也很重要。

現在就對自己承諾，在頭四週全心投入，按照計畫進行吧。前四週是關鍵期。最初幾週的重點在於讓一年十二週成為你的執行系統，以便迅速開始實現目標。在頭四週，利用每週例行性工作先取得一些成就，並且養成一些新的習慣。一個好的開始，會讓你更容易實現最終的目標。

不要在沒有週計畫的情況下開始新的一週。每週都花幾分鐘時間幫自己的執行狀況打分數（小提醒，從第二週再開始打分數；第一週在完成工作之前，沒什麼好評量的）。參加每週責任會議，認真投入其中，而不只是人在現場而已。關注分

數、追蹤進展，並對自己表現欠佳的部份做出回應。

第二個四週

你可能認識這樣的人，他們在一開始的時候往往幹勁十足，卻往往無法走到終點。千萬不要這樣！說真的，一旦開始採用一年十二週，每週都會變得越來越容易，它會成為你的習慣。第二個四週很重要，因為前面開始十二週的新鮮感已經消失了，而距離結束仍然遙遙無期。在中間這幾週裡，你可能感受到的迫切感沒有那麼強烈。

在這個時間點，你可以為自己的成功及後面的十二週做好準備。你應該可以從自己的領先指標和落後指標數字看出進步，每週的得分應該提升到 85％，而且你應該感覺到自己正朝著目標前進。如果沒有，請找出問題所在，致力於解決問題。無論是你的計畫或是你的執行有問題（還是兩者都有問題），現在都是解決的時候了。學會把一年十二週當作一種刻意練習的系統，這項技能最終會為你帶來好處。

最後的四週（與第十三週的祕密）

一年十二週的最後四週是你可以強勢收尾的機會。不論你是否可以達成十二週目標，都可以做到強勢收尾，創造積極的

結果，並為接下來的十二週做好準備。到了這個時候，你已經成功完成大多數人很少做到的事，有意識地改變你的思維與行為方式，從而讓自身的表現和能力永久性的升級。

在第一個十二週計畫，你有兩個基本目標：一個是達成你的十二週目標，另一個目標（也許是更重要的目標），則是學習如何有效運用一年十二週，把它納入你的學習經驗。注意什麼對你有用、什麼沒用，並將你學到的帶入下一個十二週。

這就是第十三週的作用。如果你需要多一點時間來實現目標，你還有一個機會——用額外一週來努力達標。第十三週也是給你評估自己表現的時間，決定在接下來的十二週，你是否要採取不同的作法。最後，第十三週還是一個肯定與慶祝進步和成功的時刻。

團隊應用

如果你是想充分利用一年十二週的管理者，第一個十二週是關鍵期。將由你決定這是團隊的未來新方向，還是一時新鮮的嘗試。

有一件你可以做的重要事情，不管是對個人還是團隊，都要盡早並且常常肯定進步。十二週能幫助你們每週都有一種充滿進展和動力的感覺，明確知道過程的變化。你無法控制結

果，所以更要關注在過程。

第一週你要審查下屬的十二週計畫，適當地提出改進建議，但是要確保撰寫計畫者保有控制權。不要讓團隊成員去執行寫得不好的計畫，尤其是第一個十二週。

如果可以，請出席每週責任會議。要給予鼓勵！參加會議時，帶著你的週計畫和上週的分數，以便你能夠以身作則。

務必要單獨檢查每個人的進度，最起碼要做到每三週一次。要求查看他們的十二週計畫、週計畫、平均分數以及領先指標、落後指標。有句老話說得好：「正因有所期望，才會有所要求。」

行動檢討

領導者身上的特質之一，在於他們總是努力變得更好，也幫助他們的團隊變得更好。第一次的十二週結束後（還有以後的十二週也是），促進你和你的團隊學習和改進的有效途徑，就是行動檢討。行動檢討包括一段檢討時間、確定哪些行動有效，以及下次能有更效率的方法。請務必在一年十二週結束時，做一次徹底的行動檢討。

☺ 祕訣

在第一個十二週計畫,我們會在關鍵時刻寄出電子郵件,協助群組成員能更順利度過十二週。因此,我們將這些信件收集起來,放在以下幾頁,作為頭一個十二週計畫的提醒,幫助你始終走在正確的道路上。請將本節標記起來,隨時回顧為自己打氣。此外,你也可以註冊一年十二週(12 Week Year)網站,取得每週的成功小祕訣。

🕐   🕐   🕐

來自第二週的提醒

恭喜你,你已經使用十二週這套高績效系統完成第一週的工作。如果你還沒有為上一週打分數,現在就花幾分鐘時間評量,並且為即將到來的一週做規劃。做完之後,請在心中回答以下問題:

- 你的分數如何?
- 你取得了那些成果?
- 你要怎樣做才能更有效率?

第一週的分數並不是那麼重要。重要的是,每週都要預留時間來評量和規劃你的一週。你已經承諾要改變過去

的做法，投入時間打造自己的理想未來，並且制定計畫來實現你的目標。此時，你需要做的就只是：執行你的計畫。

有效的執行發生在每一天和每一週。實現十二週目標的關鍵，是貫徹使用這套系統到底。隨著時間過去，你會看到分數提高了。上升的分數趨勢，表示你的執行效率變得更高了。

請記住，你不必要求完美，只需要堅持不懈，持之以恆。祝你有個表現良好的一週！

我認為毅力是追求成功最重要的因素。毅力幾乎可以克服一切，甚至克服大自然。

——石油大王約翰・D・洛克菲勒（John D. Rockefelle）

來自第三週的提醒

歡迎來到十二週計畫的第三週！無論你走到一年十二週哪個階段，都沒有關係。不要太過於擔心你的分數，或者是還沒有完成的週計畫和記分卡。忘了這些吧，決定性的一刻就是現在。

執行的關鍵是**貫徹使用這套系統到底**。從今天開始，

投入你的願景和計畫裡，並承諾會去採取行動。如果你還沒有制定你的十二週計畫，在今天結束之前完成吧。如果你還沒有完成週計畫或是為上一週打分數，請承諾會在這週完成。

如果到目前為止，一年十二週這套系統你已經成功運行無礙，幹得好！在一年十二週計畫的頭幾週，最主要的目標是投入。一旦熟悉每天和每週的例行性工作之後，就可以開始努力提高每週的分數了。

無論你是哪種，你都已經承諾要改變。你已經投入時間去打造自己的理想未來，並制定好一套實現目標的計畫。現在你需要做的就是：執行計畫。

🕐　　　🕐　　　🕐

來自第五週的提醒

歡迎來到第五週。上週你的分數如何？你是否按照計畫，正在實現十二週的目標？

這個十二週計畫還剩下七週的時間。你還有七週時間可以達成理想的未來。十二週的時間並不是很長，所以你必須在這一週去做！有效的執行發生在每一天和每一週。你只剩下七週的時間了，從現在開始，不能讓自己的分數低於 85%。

每週的分數都很重要。你有可能在得分低於 85％的情況下，業務仍然有顯著的增長，但是，你還有很多事該做。表現良好與傑出之間有一條明顯的分界線，那就是 85％，週復一週，周而復始。

在第一個十二週計畫裡，你已經來到第五週了。如果在過去幾週裡，你都能拿到 85％以上的分數，會有什麼不一樣呢？想想你今天本來會是什麼情況。短短五週的變化是驚人的！五個星期都是 85％以上的達成率，不僅可以改變你的結果，**更可以改變你的人生。**

想像一下，當你有三、四或五個十二週計畫拿到 85％會造成的影響。

願你有個 85％的一週！

🕐　　　　🕑　　　　🕒

來自第八週的提醒

已經是第八週了！開始十二週之後，時間過得真快，令人驚奇。

每次到了這個階段，經常會發生一件有趣的事，即所謂的**生產性緊張**。有了一年十二週，會讓你更常有低效率的感覺，但其實在使用一年十二週之前，就已經存在低效的情況了，只是不那麼明顯。當你沒做自己該做的事，就

會感到不舒服，這種感覺就是生產性緊張。

　　面對生產性緊張時，我們傾向於去解決它。我們通常採用的方式有兩種：最簡單的方法是停止使用這套系統，這樣一來，你就可以關掉照在自己表現不佳之處的聚光燈。一般來説，這是一種消極抵抗的做法，你只是將完成週計畫和評量自己的工作推遲，告訴自己以後會去做，但是「以後」卻始終不會來；另外一種方法是利用生產性緊張作為改變的催化劑。與其用逃避的方式來應對不適，不如將生產性緊張化為改變的動力，向前邁進，迎接改變。

　　事實上，你需要的正是「生產性緊張」，它是實質改變的領先指標。如果排除放棄的選項，那麼生產性緊張的不適感，終會迫使你根據策略採取行動；假如退縮不是一個選項，那麼解決不適唯一的辦法，就是透過執行你的計畫，繼續前進。

　　學會利用生產性緊張提高執行效率，取得更好的結果。採取行動吧！

　　　　🕓　　　　　　🕓　　　　　　🕐

來自第十一週的提醒

　　歡迎來到第十一週。我們還有一週的時間，這**一年**就結束了。你今年的表現如何？能夠實現你的十二週目標

嗎？你的計畫執行進度如何？

請記住，**我們的思維驅動我們的行動，最終創造了我們的結果。**你是否還覺得今年還有很多時間，還是更關注終點前的這段距離？

在《從 A 到 A+》（Good to Great）一書中，作者詹姆‧柯林斯（Jim Collins）提到一個連續兩屆拿到州冠軍的高中越野賽跑隊，他們的目標已經從排名全州前二十名，轉變成「每年都要參賽及拿到州冠軍」。其中一位教練說：「我真不懂，我們為什麼會這麼成功？我們並不比別的隊更努力。我們所做的事很簡單，為什麼它會如此有效？」

答案可能會讓你大吃一驚。這支隊伍之所以如此成功，是因為他們收尾收得漂亮。「我們在訓練的最後階段跑得最好；我們在比賽結束前跑得最好；我們在賽季末跑得最好。」

一年十二週的一切，都是為了漂亮的收尾。現在就是賽季末了，我們的這一年只剩下不到兩週，代表我們只剩不到兩週的時間可以實現你的目標。

集中精力為一年十二週漂亮收尾。下週、下個月開始都太晚了。別問這一週你能做什麼？就問今天！

承諾你會堅持到最後：

堅持完成**這十二週**的工作！

堅持完成**這一週**的工作！

堅持完成**今天**的工作！

成為卓越者！

21
最後總結與第十三週

每個一年十二週結束時，都有一個「第十三週」。第十三週的存在是一個機會，讓你檢討過去十二週的成果，同時帶著新的目標和計畫，進入下一個「一年十二週」。從某種意義上來說，這一章可以說是本書的第十三週。

一年十二週是一套透過更有效的執行，幫助你取得更好表現的系統。希望你現在可以明白，一年十二週是一套完整的系統，它具備你所需要的一切，可以大幅提高幾乎是生活任何一個領域的成果——前提是如果你**完全投入其中**。

一年十二週的威力，唯有透過實際應用才能顯現。我們擁有數以萬計的客戶，他們已經採用這套系統，執行計畫並取得了驚人的成果。一年十二週計畫能做到的事，我們敢保證威力

強大。

一年十二週不僅僅是一套系統，也是一個社群。我們的願景是盡可能對更多人產生積極的影響力。我們想要引薦你這些跟你一樣期盼做出改變、加入一年十二週的人，因此你可以在臉書和領英（LinkedIn）與我們聯繫，並加入成千上萬人的行列，他們都在使用一年十二週，以求更快實現自己的目標，並改善他們的生活。如果你想取得更多資源，認識更多一年十二週的同好，請上一年十二週網站（www.12weekyear.com）加入社群。

感謝你購買並閱讀本書。如果你接受這些想法，並在你的生活中實踐，你會發現這是你這一生當中做過最好的時間和金錢投資之一。如果一年十二週改變了你的人生，請與你的朋友和同事分享，成立一個地方社群，或是成為一名認證的一年十二週培訓師。

愛迪生說過，如果我們能夠盡力而為，我們的表現真的會讓自己大吃一驚。你有能力成就大事！你現在就擁有成就卓越所需的一切！不要再等待一個完美的時機，就從此時此刻開始。在短短的時間內，你會對自己的思維、行動和結果的變化感到驚奇不已。

在本書的開頭我就提到過，我們大多數人都有兩種人生：我們所過的人生，和我們有能力去過的人生。當你可以拿到

八十五分，千萬不要滿足於過著六十分的生活。

我們很想知道你在一年十二週的表現如何。寄電子郵件跟我們分享吧。

加油！

莫蘭和列寧頓

網站：12weekyear.com

臉書：www.facebook.com/The12WeekYear

LinkedIn：www.linkedin.com/in/brianpmoran

推特：twitter.com/brianpmoran（@brianpmoran）

部落格：brianpmoran.com/blog

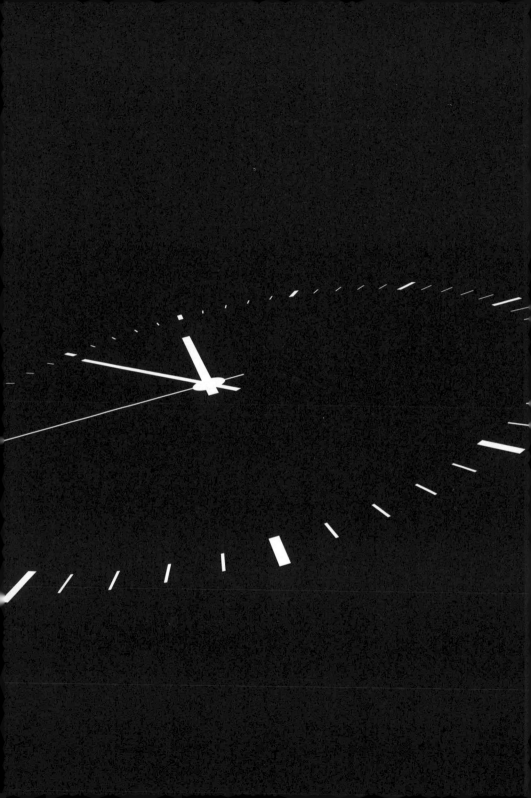

附錄

一年十二週計劃

「一年十二週」的目的是讓你藉由更有效率的執行，
發揮你的最佳狀態，
因此接下來，我們就開始吧！

Step1 打造你的願景

詳細作法請參考本書第十三章。

長期願景

▲

三年願景

▲

一年願景

Step2 設定十二週目標及策略

詳細作法請參考本書第十四章。

▶日期：

第＿＿＿週目標
1.
2.
3.

▼

▶目標 1：

策略	預計完成時間
1	
2	
3	
4	
5	

▶目標 2：

策略	預計完成時間
1	
2	
3	
4	
5	

▶目標 3：

策略	預計完成時間
1	
2	
3	
4	
5	

Step3 每週評量達成率

詳細作法請參考本書第十五至十六章。

第＿＿＿週的十二週計畫		
		評分：
目標1：		
策略	預計完成時間	檢核完成度
1		
2		
3		
4		
5		
目標1達成率		

目標2：		
策略	預計完成時間	檢核完成度
1		
2		
3		
4		
5		
目標2達成率		

目標3：		
策略	預計完成時間	檢核完成度
1		
2		
3		
4		
5		
目標3達成率		

Step4 建立高效週模板

詳細作法請參考本書第十七章。

	內容	數量及時長
策略 時間塊	• 重新與你的願景建立連結 • 十二週計畫檢討 • 評估績效問題 • 改善計畫策略 • 其他（如閱讀、制訂下一個十二週）	每週只需一個，建議時長三小時
緩衝 時間塊	• 檢查並回覆電子郵件 • 聆聽語音電話，視需要回覆 • 撥打必要的電話 • 追蹤待辦事項 • 與員工開幾個小會，快速解決問題或確定後續做法 • 整理並建檔未完成和已完成工作 • 確認新的待辦事項並記錄下來	每天可安排一到兩個，建議時長三十分鐘到一個小時（因個人和行政工作量而異）
抽離 時間塊	• 用在工作以外的事情	每週一個，至少三小時

十二週計畫・第＿＿＿週							
日期／時間	／（日）	／（一）	／（二）	／（三）	／（四）	／（五）	／（六）
6:00 am							
7:00 am							
8:00 am							
9:00 am							
10:00 am							
11:00 am							
12:00 pm							
1:00 pm							
2:00 pm							
3:00 pm							
4:00 pm							
5:00 pm							
6:00 pm							
7:00 pm							
8:00 pm							
9:00 pm							
10:00pm							

參考文獻

盧・卡薩拉（Lou Cassara），《從銷售到服務》（*From Selling to Serving*，直譯），Chicago: Dearborn Trade Publishing, 2004.

詹姆・柯林斯（Jim Collins），《從 A 到 A+：企業從優秀到卓越的奧祕》（*Good to Great*）

詹姆・柯林斯（Jim Collins），〈一個攀岩者的領導力教訓〉（*Leadership Lessons of a Rock Climber*，直譯），《快公司》（*Fast Company*），2003.12.

艾米・戴爾頓（Amy N. Dalton）、史蒂芬・史匹勒（Stephen A. Spiller），〈好事太多：實施意圖的好處取決於目標的數量〉（*Too Much of a Good Thing*，直譯），《消費者研究》第 39 期（*Journal of Consumer Research*），2012.10.

艾倫・多伊奇曼（Alan Deutschman），〈改變或死亡〉（*Change or Die*，直譯），《快公司》（*Fast Company*），2005.5.1.

查爾斯・杜希格（Charles Duhigg），《為什麼我們這樣生活，那樣工作？》（*The Power of Habit*）

奇普・希斯、丹・希斯（Chip and Dan Heath），《你可以改變別人：華爾街日報、紐約時報長銷百萬作家，讓每個人不知不覺照你的心意做》（*Switch*）

蘇珊・傑弗斯（Susan Jeffers），《向生命下戰帖》（*Feel the Fear and Do It Anyway*）

唐・凱利（Don Kelley）、達瑞・康納（Daryl Connor），〈情緒變化週期〉（*The Emotional Cycle of Change, ECOC*），《1979 年度團體輔導老師手冊》，John E. Jones and J. William Pfeiff 編輯，New York: John Wiley & Sons, 1979.

彼得・柯斯騰邦（Peter Koestenbaum）、彼得・布洛克（Peter Block），《工作上的自由與責任》（*Freedom and Accountability at Work*，直譯），San Francisco: Jossey-Bass, 2001. 190 References

史蒂夫・洛爾（Steve Lohr），〈致勇敢的多工者：慢下來，且別在塞車時閱讀本文〉（*Brave Multitasker, and Don 't Read This in Traffic*，直譯），《紐約時報》，2007.3.25.

丹・馬拉科夫斯基（Dan Malachowski），〈浪費的工時造成公司數十億的損失〉（*Wasted Time at Work Still Costing Companies Billions*，直譯），June 2005,　www.salary.com/wasted-time-at-work-still-costing-companies-billions-in-2006/ .

布萊恩・P・莫蘭（Brian Moran），〈在執行任務前事先規劃所能造成的績效變化〉（*Performance Change with Pre-Task Planning Applied Prior to Task Execution*，直譯），Senn-Delaney 管理顧問公司於 1989 年進行的研究，結果未發表

史蒂芬・普雷斯菲爾德（Steven Pressfield），《藝術戰爭》（*The War of Art*，直譯），New York: Black Irish Entertainment, 2002.

美國勞工局統計報告，〈美國人時間使用調查〉（*American Time Use Survey*，直譯），2011 年。

翻轉學　翻轉學 122

12 週做完一年工作
縮短工時 x 成果翻倍的高效成功法
The 12 Week Year

作　　　　者　布萊恩・莫蘭（Brian P. Moran）、麥可・列寧頓（Michael Lennington）
譯　　　　者　夏荷立
封 面 設 計　萬勝安
內 頁 排 版　theBAND・變設計— Ada
行 銷 企 劃　蔡雨庭、黃安汝
責 任 編 輯　洪尚鈴
出版一部總編輯　紀欣怡

出 版 發 行　采實文化事業股份有限公司
業 務 發 行　張世明・林踏欣・林坤蓉・王貞玉
國 際 版 權　施維真
印 務 採 購　曾玉霞
會 計 行 政　李韶婉・許俽瑀・張婕莛
法 律 顧 問　第一國際法律事務所　余淑杏律師
電 子 信 箱　acme@acmebook.com.tw
采 實 官 網　www.acmebook.com.tw
采 實 臉 書　www.facebook.com/acmebook01

I S B N　978-626-349-486-2
定　　　價　380 元
初 版 一 刷　2023 年 12 月
劃 撥 帳 號　50148859
劃 撥 戶 名　采實文化事業股份有限公司
104 臺北市中山區南京東路二段 95 號 9 樓
電話：(02)2511-9798　傳真：(02)2571-3298

國家圖書館出版品預行編目資料

12 週做完一年工作 : 縮短工時 X 成果翻倍的高效成功法 / 布萊恩 . 莫蘭 (Brian P. Moran), 麥可 . 列寧頓 (Michael Lennington) 作 ; 夏荷立譯 . -- 初版 . -- 臺北市 : 采實文化事業股份有限公司 , 2023.12　256 面 ; 14.8*21 公分 .. -- (翻轉學 ; 122)
譯自 : The 12 week year
ISBN 978-626-349-486-2(平裝)

1.CST: 職場成功法 2.CST: 工作效率 3.CST: 時間管理

494.35　112017580